中国材料研究学会　组织编写

新材料丛书

高性能纤维及复合材料

唐见茂　编著

化学工业出版社

·北京·

本书从航空航天应用背景出发，以碳纤维增强的树脂基结构复合材料为主线，着重介绍了复合材料的基本原理、性能特点、制造技术、应用领域及发展前景，主要内容包括高性能纤维增强体，树脂基复合材料及其制造技术，金属基、陶瓷基和碳基复合材料，功能和智能复合材料等。本书基本反映了当代高性能复合材料的整体概况、发展现状及趋势，适合于不同层面的读者，也可供从事复合材料科研生产的专业人员参考。

图书在版编目（CIP）数据

高性能纤维及复合材料/唐见茂编著. —北京：化学工业出版社，2012.12（2019.8重印）
（新材料丛书）
ISBN 978-7-122-15506-1

Ⅰ.①高… Ⅱ.①唐… Ⅲ.①纤维增强复合材料-普及读物 Ⅳ.①TB33

中国版本图书馆CIP数据核字（2012）第237708号

责任编辑：刘丽宏 文字编辑：李锦侠
责任校对：顾淑云 装帧设计：尹琳琳

出版发行：化学工业出版社（北京市东城区青年湖南街13号 邮政编码100011）
印 装：北京虎彩文化传播有限公司
710mm×1000mm 1/16 印张12½ 字数195千字 2019年8月北京第1版第4次印刷

购书咨询：010-64518888 售后服务：010-64518899
网 址：http://www.cip.com.cn
凡购买本书，如有缺损质量问题，本社销售中心负责调换。

定 价：49.00元

序

走进新材料世界

由中国材料研究学会与化学工业出版社联合编辑出版的《新材料丛书》与广大读者见面了。这是一套以介绍新材料的门类和品种、基础知识以及功能和应用为主要内容的普及性系列丛书。

材料是人类物质文明进步的阶梯。新材料是现代高新技术的基础和先导，任何一种高新技术的突破都必须以该领域的新材料技术突破为前提，而新材料的突破往往会引发人类划时代的变革，如20世纪60年代高纯硅半导体材料技术的突破，使人类进入信息化时代。

新材料量大面广，发展日新月异，不仅体现一个国家的综合国力和科技水平，还与人们的工作和生活息息相关。新材料创造美好生活。特别是在人类面临的资源、能源和环境问题日益紧迫的今天，可持续发展已成为全球共性的理念，新材料首当其冲，其地位和作用日益突出，而且是大有作为。

为了及时普及新材料技术知识，使广大读者了解新材料、走进新材料、参与新材料，特组织编撰这套《新材料丛书》。

参加撰写这套科普丛书的作者都是我国新材料领域的知名专家和学者，他们在新材料的各自领域耕耘数十春秋，有着一份和新材料难以割舍的感情，特别是出于对我国新材料发展的关心，出于对培养年轻一代的热情，欣然接受了各自的编写任务。对他们献身新材料科普事业的精神和积极贡献深表感谢。

《新材料丛书》编辑委员会

前言

作为一个在复合材料圈子里摸、爬、滚、打近40年的普通科技工作者，欣然接受了由中国材料研究学会和化学工业出版社联合发起的《新材料丛书》中的《高性能纤维及复合材料》一书的编写任务，这除了本人与复合材料结下了难以割舍的情结之外，主要还是由于复合材料的非常突出的优异性能和极其诱人的光辉前景，正如人们常说的，好的东西就应该拿出来分享。

当今人类正处在“科技一日跨千里”的非凡时代，而新材料作为现代高新技术的基础和先导，在人类面临的日益紧迫的可持续发展的理念中，其地位和作用日益突出，而且是大有作为。就拿高性能碳纤维复合材料而言，最突出的优点是轻质高强，自20世纪60年代起，首先被开发用于飞机结构材料，业内专家指出，与传统的轻质铝合金相比，碳纤维复合材料的飞机结构，减重效果可达20%～40%，在节能减排上体现出巨大的经济效益和社会效益，要知道，飞机结构每减重1kg，经济效益都以百万甚至千万美元计算。

材料复合化是新材料重要的发展趋势之一，半个多世纪以来，以碳纤维复合材料为代表的复合材料技术走过了一段快速发展的历程，由航空航天迅速扩大到其他工业部门，包括新能源、生物、信息、汽车、火车、海洋、医疗、机械、电器等都在越来越多地用到复合材料。有人认为，人类已进入了复合材料时代，可以说，现在就材料而言，什么都要复合，什么都可复合，什么都在复合。

新材料量大面广，发展日新月异，不仅关系到经济和国防建设，还与人们的工作生活息息相关，新材料带来美好生活，因此大力宣传和普及新材料知识，积极开展新材料各种活动，这对提高全民的科学素质，培养年轻一代，吸引更多的优秀人才加入到新材料的阵营中来，为又快又好地发展我国新材料做出贡献，这就是我奉献这本书的初衷。

书稿虽然交付，但心内总有不安，笔者受专业知识及学识水平所限，书中难免“挂一漏万”，言及不当之处，敬请广大读者及同行不吝赐教。

唐见茂

目录

序言

用碳纤维编织梦想——从波音B-787飞机谈起

人类从几千年前开始，望着天空那自由翱翔的飞鸟，就一直在向往，有那么一天，插上双翅，也能像鸟儿一样在天空中自由自在地飞翔。

进入20世纪，人类科技取得空前发展，其中最重大的发明之一，就是飞机的诞生，它使人们实现了飞向天空的梦想。这不能不提到美国的一对兄弟——莱特兄弟。他们是世界航空发展史上的开拓者，在当时大多数人认为飞机依靠自身动力的飞行完全不可能时，莱特兄弟却不相信这种结论，从1900～1902年他们兄弟进行了1000多次滑翔试飞，终于在1903年制造出了第一架依靠自身动力进行载人飞行的飞机——“飞行者1号”，并且试飞成功。因此他们于1909年获得美国国会荣誉奖。同年，他们创办了“莱特飞机公司”。这是在航空发展史上开拓性的巨大成功。

100多年来，航空飞行技术多次实现了跨越式的发展，特别是从20世纪50年代末实现了从活塞式发动机到涡轮喷气发动机的历史性变革，使飞机的飞行速度和机动性大幅提高，现在，超高音速战斗机的飞行速度达每小时2000～3000km，是声速的2～3倍。而民用航空飞行技术也同样取得长足发展，最引人注目的是20世纪60年代开始服役的美国波音大型宽体客机B-747，这种乘客人数超过400人的大型客机，能连续飞行十多个小时，横越太平洋只是一件平常易行的事情。而新近推出的空中“巨无霸”——空客A-380飞机，乘客量达650名。现代民航技术的发展，使人们几乎可以到达任何想去的地方，所以人们常说，现在地球变小了。

航空技术的快速发展，一方面得益于涡轮喷气发动机技术的突破，另一方面也得益于航空材料技术的不断进步，试想，一架能以2～3倍音速飞行的飞机，一架能载客数百人的大型客机，如果没有高性能或超高性能的材料制作机身结构，那是不可能的。

随着人类面临的资源、能源和环境问题的日益突出，同其他工业部门一样，对飞机的节能、降耗、减排提出了更高要求，因此开发使用轻质、高强、高效和低成本的新型飞机结构材料，是当代航空技术的重要发展趋势。而20世纪60年代开发应用的高性能纤维增强的复合材料是其中的一个重要体现。

我们所说的飞机材料，是指用来制造飞机主体结构的材料，飞机主体结构包括构成一架飞机的结构部件，如机身、机翼、头罩和尾翼等，尾翼又包括水平尾翼、垂直尾翼和方向舵等，而这些结构部件是由成千上万的零件、元件和结构件组成的，它们对保障飞机的总体性能和服役安全非常重要，当然，其他一些非结构件材料，如飞机客舱的内装饰材料，包括内舱壁板、座椅、行李舱、地板等也非常重要。

100多年来，飞机的结构材料发展大致经历了三个阶段，最初的十几年，主要是木质材料，用作机翼、蒙皮等。木质材料很难达到高强度，而且易吸湿、易燃、易腐蚀。20世纪20年代，开始用轻质高强的铝合金制造飞机结构，从此开始了全金属飞机结构的时代，铝合金具有轻质、高强、耐腐蚀等优点，直至20世纪60年代，铝合金一直是飞机结构的主要材料，广泛地用于各种型号的军机和民机的机身、机翼、尾翼的蒙皮和其他零部件。随着飞机性能的不断提高，对更加高效的飞机结构材料的追求，成为现代航空技术发展的新目标，在这种背景下，20世纪60年代中期，一代新型的飞机结构材料问世，即高性能的先进结构复合材料。

下面，我们将以B-787飞机为例，来简短介绍发展航空复合材料的重要意义，通过介绍，我们将对什么是复合材料有所了解。

近几年来，航空业界最热门的话题莫过于美国波音飞机公司的B-787型商用飞机，波音公司把这款飞机命名为“梦想”（Dreamliner），其背后包含两层意思，其一是要挽回20世纪90年代波音B-767与空客A-330竞争中的失利，随着世界民航市场份额不断流向空客，波音公司寄希望于推出一种新的机型来实现重振昔日雄风的梦想，在经过几次抉择后，决定推出一款全新概念的飞机，这就是B-7E7，后来正式定名为B-787 梦想飞机。其二是该机创新性地采用了许多设计新概念和新技术，其中最引人注目的是飞机结构采用了50%的复合材料制造，这是前所未有的。应用复合材料后，不但能够比它的上一代机型（金属材质的B-767）降低20%的油耗，而且具有更舒适的客舱环境。这种大胆的尝试（用复合材料制作机身）在当时的提出是极具挑战性的，而且在业界颇具争议。波音公司希望通过这种先进的复合材料技术，实现引领当代民用客机发展潮流的梦想。

毫无争议的是，这是一款全球最为先进的民用客机。波音“梦想飞机”凝聚了民用飞机制造业的全新技术，这款又大又宽敞的飞机主体结构的50%包括机身和机翼全部采用了一种新型的结构材料，也就是碳纤维增强的树脂基复合材料。

之所以使用复合材料，是因为它相对于已经使用长达半个世纪的铝合金材料更具有轻质高强的优点，用复合材料制造飞机结构，同铝合金相比，减重效果可达20%～40%，在节能减排上体现出巨大的经济效益和社会效益。要知道，飞机结构每减重1lb，产生的燃油节能效益，都要用“百万美元”来计算。

也正是因为用了复合材料，使制造工艺大有改进，B-787在总装时不再像以前那么复杂，比如B-787采用了复合材料整体机身，就代替了原来需要的1500张铝板和（4～5）万个紧固件。尽管复合材料目前要比铝合金贵得多，但这一不足已经通过改进制造工艺和降低制造成本而得到了弥补。

此外，B-787飞机许多设计上的新概念，比如客舱更宽敞、更舒适，窗口开得更大，视野更好，起飞降落噪声更低，采用智能监控，飞行更安全等，前提都是因为使用了复合材料。

用作飞机结构的复合材料目前以碳纤维增强的树脂基复合材料为主，因此把B-787飞机看成是一种用碳纤维编织的梦想，一点也不过分。

半个世纪以来，随着复合材料的优点被越来越多地认识和接受，以及使用经验的不断积累，业内专家预言，今后20～30年碳纤维复合材料将迎来发展新时期，它的大规模采用将带来航空制造产业链革命性的变革，例如，创新的设计概念，将促使设计团队人员组成和知识结构的改变；而材料与结构件成型的同时完成，可以从生产纤维、树脂的原材料供应商或二级供应商直接向飞机制造商供货，传统的航空制造产业链是原材料供应商或二级供应商向制造飞机部件的一级供应商供货，再由一级供应商或向飞机制造商提供部件，但复合材料独特的材料和构件同时成型的特点，改变了这一传统的产业链格局；另外，碳纤维复合材料的独特性能无疑会对飞机维修业提出新的、未预见到的挑战。

通过上述介绍，使我们对复合材料的诸多优点有所了解，复合材料在航空航天业快速发展的同时，也在向其他工业部门扩展，如新能源领域的风电叶片、交通领域的车辆部件、海洋领域的船舶、石油化工领域的钻杆和管道、国防军事领域的装甲和防弹以及建筑领域的各种应用等。

第1章

概述

1.1 新材料和复合材料

谈到材料，人们并不陌生，因为我们周围到处都是材料的身影，我们的生活和工作以及其他一切活动都离不开材料，尽管如此，但目前还没有一个共同约定的关于材料的准确定义。一般而言，材料是指具有一定的化学成分与分子结构，以及能提供一定的物理和化学性能使得其可用来制造各种产品和工具的物质。应该说，这个定义是非常广泛的，它几乎涉及人类生活和工作的所有方方面面，以及所有现代高新技术领域和所有现代化产业体系。所以说材料是人类物质文明的基础，也是现代高新技术的基础和先导。

材料按照其化学组成和分子结构，可分成金属材料、无机非金属材料和有机非金属材料（以合成高分子材料为主）三大类，由于复合材料产量越来越大、品种越来越多、应用越来越广泛，所以现在也有的分类体系把复合材料列为第四大类材料，但从材料的属性来看，复合材料只不过是上述三大类材料以不同方式进行组合或复合而得到的一大类材料。

新材料是20世纪90年代开始使用的一个新概念。现在，谈到材料就不得不谈新材料。人类历史进入到20世纪90年代，现代科学技术发展突飞猛进，各种新材料、新产品、新技术不断突破，各个学科和各个领域涌现出大量的性能优异、功能特殊，甚至带有神奇色彩的新材料，为了更能突出材料在现代高新技术中的作用和地位，也为了有别于浩如烟海的传统材料品种，因此就采用了新材料这个概念。并且从20世纪90年代开始，新材料同生物、信息一道被列为当代重点发展的三大领域。

什么是新材料？目前还没有一个统一的说法，一般而言，新材料是指新出现的或正在发展中的、具有传统材料所不具备的优异性能和特殊功能的材料。

新材料的发展包括两方面的内容。

一是运用新概念、新方法、新技术，合成或制备出具有高性能或具有特殊功能的全新概念的新材料。如本书将要重点介绍的碳纤维，就是这样一种全新概念的新材料。聚丙烯腈基碳纤维“脱胎”于一种高分子纤维材料，它是用聚丙烯腈基纤维原丝，也叫前驱体（precursor）通过专门而又复杂的碳化工艺制备而得到的一种极细的纤维材料。由于碳化，使原丝中的氢、氧等元素得以排出，成为一种纯碳材料，含碳量一般都在90%以上，而本身质量大为减轻；而且由于碳化过程中对纤维进行了沿轴向的预拉伸处理，使得分子沿轴向进行取向排列，从而使碳纤维轴向拉伸强度大幅提高，成为一种轻质、高强、高模、化学性能稳定的高性能纤维材料。

二是对传统材料的再开发，使性能获得重大的改进和提高，或增加新的功能，这样的例子数不胜数，比如目前非常活跃的塑料改性，通过各种物理和化学的方法，如共混、增强、增韧、分子接枝、分子互穿网络等，可以制备出种类繁多、性能各异的新材料、新品种，不仅性能大幅提升，而且更经济、更环保、更实用。如塑料的阻燃改性，事关人们的安全和健康，被提到越来越重要的高度。

进入21世纪，新材料得到越来越多的重视，这主要是因为新材料在以下几方面显示出特殊的、重要的地位和作用。

① 新材料本身就是一种高新技术，又是其他高新技术的基础和先导。

新材料的突破往往会引发人类划时代的变革，如20世纪60年代高纯硅半导体材料技术的突破，使人类进入了至今还方兴未艾的信息化时代。又如前面提到的碳纤维复合材料，在航空航天领域将发展成新一代的高性能结构材料。

② 新材料代表国家的科技水平和综合国力。

新材料与现代科学技术深度融合，是推动现代科学技术发展的基础，也是制约现代科学技术发展的瓶颈，目前许多新兴技术的发展受到制约，究其原因，可以归结为材料的关键技术没有突破。

另一方面，新材料产业已经融入到国民经济的各个部门，成为高新技术产业和各工业部门的重要组成部分，对国民经济和国防建设有重要的支撑作用。同时新材料又是重大工程和重大项目建设的物质条件保证。

③ 新材料对实现可持续发展非常重要，大有作为。

面对资源、能源和环境承受越来越大的压力，要实现可持续发展，新材料首当其冲，同时也是大有作为。例如，新能源材料是新能源、可再生能源开发利用的基础；环境友好材料对节约资源、保护环境、维持生态平衡将起到重要作用；轻质高强的新型结构材料将体现出节能降耗的巨大效益；生物医用材料将提高人类的生活质量和健康水平；新型绿色建材关系到资源的充分利用，以及改善和提高人们的生活质量。

复合材料是新材料中的一个大家族。复合化是新材料的重要发展趋势之一，即是将两种或两种以上不同品质的材料通过专门的成型工艺和制造方法复合而成一种高性能的新材料体系，即复合材料。复合的目的是要改善材料的性能，使材料高性能化，或能满足某种物理性能上的特殊功能要求，如光、电、热、声、磁等。因此，复合材料按使用要求可分为结构复合材料和功能复合材料，到目前为止，主要的发展方向是结构复合材料，但现在也正在发展结构和功能一体化的复合材料。

通常将组成复合材料的材料或原材料称为组分材料（constituent materials），它们可以是金属、陶瓷或高聚物材料。对结构复合材料而言，组分材料包括基体和增强体，基体是复合材料中的连续相，其作用是将另一相即增强体固结在一起并在增强体之间传递载荷；增强体是复合材料中承载的主体，目前用得最多的是纤维增强，也可用颗粒、晶须或小薄片的形式增强。如前所述，用作基体和增强体的材料可以是金属、陶瓷或聚合物材料。

如上所述，复合材料实际上是采用专门的方法和技术将两种或两种以上的不同材料复合而成的一类新材料体系，通过复合，各组分材料可发挥各自的性能优势，达到性能最优化的目的，科学家把复合材料这种扬长避短的作用称为复合效应。利用复合效应就可以自由选择不同的组分物质，人为设计各种新型复合材料，把材料科学推进到了一个新阶段。因此，现在也把复合材料称为第四代材料，又称“设计材料”。

1.2 为什么要用复合材料

为什么复合材料会受到如此青睐？这也许要从材料科技的总体发展趋势来理解。

一般认为，现代工业革命应开始于18世纪蒸汽机的发明，200多年来，特别是进入20世纪，科学技术和现代化工业都取得突飞猛进的发展。尤其是材料科学和技术，已发展得相当成熟，比如用作飞行器主要结构材料的铝合金、钛合金以及各种高性能的合金钢，无论是制造加工技术还是应用，都已发展到很高的水平。现在，单一材料包括金属、无机非金属和有机高分子材料，在性能上继续实现重大突破的余地已经有限，但现代高新技术，例如航空航天技术的快速发展，却对材料提出了越来越高的要求，这就促使人们去研究开发更新的和更高效的材料。另一方面，单一材料尽管性能很好，但在使用中总表现出一些不尽如人意的地方，例如金属材料，强度高，耐热性好，但金属材料一般都密度高，质量大，不利于减轻结构质量；新型陶瓷材料耐高温、耐腐蚀，但致命的缺陷是脆性大，限制了其在结构上的使用；新型高分子材料，综合性能好，加工容易，成本低，适合于大量推广，但本身的强度和耐热性都不够。基于这样的认识，通过将它们按一定的方式复合就可以达到取长补短、优势互补的目的，高性能复合材料正是在这种背景下于20世纪60年代应运而生，并首先在飞机结构上得到应用的。

复合的目的是要使材料高性能化，复合材料在这方面显示出了独特的优势。

例如，如前所述，用碳纤维增强的树脂基复合材料，具有轻质高强的优点，在飞机结构减重上体现出了巨大的经济效益，并能实现大型复杂结构的整体化成型，节省了成千上万个金属紧固件。

又如，通过计算机数字模拟和优化，可以设计出功能独特的复合材料。典型的案例是梯度功能复合材料。梯度功能复合材料（gradient functional composite，GFC）是指通过连续的改变两种材料的结构、组成、密度等因素，使其内部界面减小乃至消失，从而能得到随组成与结构的变化而性能呈连续渐变的新型非均质复合材料。

一般复合材料中分散相是均匀分布的，材料的整体性能是统一的，但在有些情况下，人们常常希望同一件材料的两侧具有不同的性质或功能，又希望不同性能的两侧结合完美，从而不至于在苛刻的使用条件下因性能不匹配而发生破坏。因此有了梯度功能的概念。

梯度功能复合材料是基于航空航天器表面热防护要求技术而开发的一种新材料。航天器在大气层中以极超音速飞行，机头尖端和发动机燃烧室内壁的温度高达 2100℃以上，因此材料必须承受2100℃的高温以及1600℃的温度落差，服役条件极为恶劣。因此，迫切需要开发新型超耐热的防护材料。1984年，日本学者首先提出了梯度功能复合材料的概念，其设计思想一是采用耐热性及隔热性的陶瓷材料以适应几千摄氏度高温气体的环境，二是采用热传导和机械强度高的金属材料，通过控制材料的组成、组织和显微气孔率，使之沿厚度方向连续变化，即可得到陶瓷/金属梯度功能复合材料。由于该材料内部不存在明显的界面，陶瓷和金属的组分和结构呈连续变化，从而物理性能也呈连续变化。在用作航天器的表面热防护时，耐热性好的陶瓷材料用于外侧以抵抗飞行中产生的高温，而与航天器表面连接的一侧内壁采用导热和强度好的金属材料；这样外侧陶瓷通过烧蚀作用带走大量的热量，而使内侧的金属材料能很好地保证航天器表面不受损坏。其三是在纤维增强的结构复合材料基础上，还可以实现功能的继续扩展，得到结构/功能一体化、多功能一体化和智能化的复合材料。例如，20世纪在海湾战争中开始使用的隐身飞机，就是采用了一种吸波/隐身结构复合材料。

实现飞机隐身主要有两种技术途径，即外形设计和隐身材料。

外形设计是要改变一般飞机比较复杂的外形。一般飞机的外形总有许多部分能够强烈反射雷达波，像发动机的进气道和尾喷口、飞机上的凸出物和外挂物、飞机各部件的边缘和尖端以及所有能产生镜面反射的表面等，因此隐形飞机的外形设计要避免使用大而垂直的垂直面，大幅减小雷达波的散射面积；大量采用凹面，这样可以使截获的雷达波向偏离雷达接收的方向散射。例如F-117战斗机基本上就是由平面组成的角锥形体，尾翼为V形；而B-2轰炸机则是前缘后掠、后缘为大锯齿形，没有机身和尾翼，整个飞机像一个大的飞翼，这些飞机的造型之所以较一般飞机古怪，就是因为特种的形状能够完成不同的雷达波散射功能。

隐身材料就是采用雷达吸波材料。吸波材料能吸收投射到它表面的电磁波能量，并通过材料的介质损耗使吸收到的电磁波能量转化为热能或其他形式的能量而耗散掉，从而减少或消除反射回到雷达探测器的电磁波。

综上所述，复合材料的发展前景十分广阔，因此有人说，现在人类已开始进入复合材料的时代了。

第2章 高性能纤维

2.1 纤维和高性能纤维

纤维材料是连续的细丝材料，在外观上表现为直径极为细小而长度很大，有的可达数千米。现在最细的人工合成纤维，其直径可达几个微米（μm）。纳米纤维（nanofiber）直径在纳米级，但其长度有限，在应用上受到局限。

纤维长度与直径的比称为长径比，纤维材料的定义是能保持长径比大于100的均匀条状或丝状的材料。根据美国材料试验协会（ASTM）的定义，纤维长丝必须具有比其直径大100倍的长度，并不能小于5mm。

2.1.1 纤维的性能指标

纤维的性能与其材料的化学组成有关，用不同的材料制取的纤维，会表现出不同的物理化学性能，如强度、模量、耐温性、耐腐蚀性等。在实际工程应用中，为了更好地评价和选择不同的纤维，国际上统一规定了几个主要的性能指标。

（1）线密度（纤度）

线密度是指一定长度纤维所具有的重量，是表示纤维粗细程度的一个指标，其单位名称为“tex”/特（克斯），1/10称为分特（克斯），单位符号dtex。1000m长纤维质量的克数称为“特”。

支数是指单位质量的纤维所具有的长度。对于同一种纤维，支数越高，纤维越细。人们在选择纺织品时，有时也看它的支数。

（2）断裂强度及断裂伸长率

断裂强度是指纤维在连续增加载荷的作用下，直至断裂所能承受的最大载荷与纤维的线密度之比。

断裂强度高，纤维在加工过程中不易断头、绕辊，纱线和织物牢度高；若断裂强度太高，纤维刚性增加，手感变硬。

断裂伸长率是指纤维在伸长至断裂时的长度比原来长度增加的百分数。

断裂伸长率大，纤维的韧性好，手感柔软，在纺织加工时，毛丝、断头少；若断裂伸长率过大，织物易变形。

（3）初始模量（弹性模量）

模量是指纤维外力作用下抵抗变形的能力。

初始模量为纤维受拉伸而当伸长率为原长的1%时所需的应力。它表征纤维对小形变的抵抗能力。

纤维的初始模量越大，越不易变形，在合成纤维中，涤纶的初始模量最大，腈纶次之，锦纶较小，故涤纶织物挺括，不易起皱，锦纶织物易起皱，保形性差。

2.1.2 纤维分类

一般有3种分类方法：一是根据材料来源可分为天然纤维和化学纤维；二是根据材料的性质分为有机纤维和无机纤维；三是其他分类，根据使用性能和要求可分出种类繁多的不同品种。

（1）根据材料来源分类

① 天然纤维。天然纤维是自然界存在的，可以直接取得的纤维，根据其来源分成植物纤维、动物纤维和矿物纤维三类。

植物纤维是由植物的种子、果实、茎、叶等得到的纤维，是天然纤维素纤维。如棉、木棉、亚麻、黄麻、罗布麻等；植物纤维包括种子纤维、韧皮纤维、叶纤维、果实纤维。

动物纤维是由动物的毛或昆虫的腺分泌物中得到的纤维。如毛发、蚕丝等。

矿物纤维是从纤维状结构的矿物岩石中获得的纤维，主要组成物质为各种氧化物，如二氧化硅、氧化铝、氧化镁等，其主要来源为各类石棉，如温石棉、青石棉等。

② 化学纤维。化学纤维是经过化学处理加工而制成的纤维。可分为人造纤维和合成纤维两类。

a. 人造纤维。人造纤维是用含有天然纤维或蛋白纤维的物质，如木材、竹、甘蔗、芦苇、大豆蛋白质纤维等，经过化学加工后制成的纤维材料。

b. 合成纤维。合成纤维的化学组成和天然纤维完全不同，是由一些本身并不含有纤维素或蛋白质的物质如石油、煤、天然气等，先合成聚合物单体，再聚合成高分子化合物，然后用溶液抽丝的方法制成纤维。这是一大类高分子聚合物材料，主要品种有聚酯纤维（涤纶）、聚酰胺纤维（锦纶或尼龙）、聚乙烯醇纤维（维纶）、聚丙烯腈纤维（腈纶）、聚丙烯纤维（丙纶）、聚氯乙烯纤维（氯纶）等。

（2）根据材料性质分类

① 有机纤维。上述植物纤维、动物纤维及高分子合成纤维都属于有机纤维。

② 无机纤维。以金属和无机非金属为原料制取的纤维，如金属丝、玻璃纤维、玄武岩纤维、陶瓷纤维。

碳纤维是一种特殊的无机纤维，它不是直接从碳材料抽取，而是将有机高分子纤维如聚丙烯腈纤维、沥青纤维和胶黏丝作为前驱体，用专门的碳化或石墨化制取的纤维材料。

2.1.3 高性能纤维

纤维单丝很少有实用价值，工程应用的纤维材料通常是将多股或大量的单丝组合成丝束，或在此基础上编织成各种形状和规格的织物、布、毡或预形体。

用于制造复合材料的纤维增强体品种很多，在选用时要考虑到工艺性能、使用性能、价格和环保等因素。

航空航天高端应用的先进复合材料必须采用高性能纤维作增强体，高性能纤维目前的主流产品是碳纤维，还包括芳纶和超高分子量聚乙烯纤维。高性能纤维的界定主要依据的是其优异的力学性能，即轻质、高强和高模，也就是单位质量的强度和模量，称之为比强度和比模量，它们比传统的结构材料，如轻质高强的铝合金，还要高出许多倍，非常适合于制造航空结构复合材料部件。

纤维增强材料的主要品种有玻璃纤维、碳纤维、芳纶、超高分子量聚乙烯纤维，以及其他纤维，如金属丝、硼纤维和陶瓷纤维。增强的形式可以是纤维本身，分连续纤维、长纤维和短切纤维，也可以是纤维织物和布、纤维毡、二维和三维的纤维编织件或缝合件（见图2-1）。

（a）连续纤维丝束

（b）碳/玻璃纤维布

（c）玻璃纤维毡布和短切碳纤维

（d）三维纤维编织预型件

图2-1 几种典型的纤维增强材料

2.2 纤维材料的先驱——玻璃纤维

玻璃纤维（glass fiber，fiberglass，GF）是最早开发的一种性能优异的无机非金属材料，已有数十年的发展历史，种类很多，技术已较成熟，目前以商品提供的主要品种有纤维本身和各种纤维布或织物。优点是绝缘性好、耐热、抗腐蚀，机械强度高，但缺点是性脆，耐磨性较差。它是以玻璃球或废旧玻璃为原料经高温熔制、拉丝、络纱、织布等工艺制得的，其单丝的直径为几个微米到二十几个微米，相当于一根头发丝的1/5 ~1/2，玻璃纤维丝束都由数百根甚至上千根单丝组成。玻璃纤维被大量用作电绝缘材料，工业过滤材料，防腐、防潮、隔热、隔声、减震材料。还被大量用作复合材料中的增强材料，制成的玻璃纤维复合材料，俗称“玻璃钢”，玻璃纤维复合材料具有透电压波功能，在航空领域被用作雷达罩，此外，在建筑、电气、交通、信息、机械、能源等国民经济各个领域也得到广泛应用，近年来风电叶片的制造需要大量用到玻璃纤维。

玻璃纤维的优点包括：

① 拉伸强度高，伸长率小于3%；

② 弹性模量高，刚性好，复合制件尺寸稳定性好；

③ 具不燃性，耐化学腐蚀；

④ 吸水性小；

⑤ 耐热性好，不易燃烧，高温下可熔成玻璃状小珠；

⑥ 加工性好，可制成股、束、毡、织布等不同形态的产品；

⑦ 透明性好，可透过光线；

⑧ 价格便宜，应用广泛，可回收再利用。

玻璃纤维发展很快，品种繁多，可以从玻璃原料成分和品种用途进行分类。

2.2.1 按玻璃原料成分分类

（1）无碱玻璃纤维（E-玻璃纤维）

主要成分是钙铝硼硅酸盐，是目前应用最广泛的一种玻璃纤维品种，具有良好的电气绝缘性及力学性能，广泛用于生产电绝缘件和复合材料，它的缺点是易被无机酸侵蚀，故不适用于酸性环境。

（2）中碱玻璃纤维（C–玻璃纤维）

其特点是耐化学性特别是耐酸性优于无碱玻璃，但电气性能差，机械强度低于无碱玻璃纤维10%～20%，在国外，中碱玻璃纤维只是用于生产耐腐蚀的玻璃纤维产品，如用于生产玻璃纤维表面毡、玻璃纤维棒，也用于增强沥青屋面材料，但在我国中碱玻璃纤维占据玻璃纤维产量的一大半(60%)，广泛用作玻璃钢的增强体，以及过滤织物、包扎织物等，因为其价格低于无碱玻璃纤维而有较强的竞争力。

（3）有碱玻璃纤维（A–玻璃纤维）

有碱玻璃纤维是一种典型的钠硅酸盐玻璃，因含碱量高，强度低，耐水性差，很少用作增强玻璃纤维。

（4）高强玻璃纤维（S–玻璃纤维）

其特点是高强度、高模量，它的单纤维抗拉强度为2800MPa，比无碱玻璃纤维抗拉强度高25%左右，弹性模量86GPa，用它们生产的玻璃钢制品多用于军工、航空航天、防弹盔甲及运动器械。

2.2.2 按品种用途分类

（1）无捻粗纱

无捻粗纱是由平行原丝或平行单丝集束而成的，是一种用途极为广泛的纤维增强材料。按玻璃成分可划分为：无碱玻璃无捻粗纱和中碱玻璃无捻粗纱。生产玻璃粗纱所用玻璃纤维直径为12～23μm。无捻粗纱可直接用于某些复合材料工艺成型方法中，如缠绕、拉挤工艺，因其张力均匀，也可织成无捻粗纱织物，在某些用途中还将无捻粗纱进一步短切。

无捻粗纱按不同玻璃钢制品的成型工艺要求还可继续分为：

① 喷射用无捻粗纱；

② 片状模塑料（SMC）用无捻粗纱；

③ 纤维缠绕用无捻粗纱；

④ 拉挤成型用无捻粗纱；

⑤ 纤维织物或玻璃布用无捻粗纱；

⑥ 二维或三维纤维增强预型件用无捻粗纱等。

（2）玻璃纤维毡

玻璃纤维毡是将原丝或粗纱用不同方式铺敷而成的轻松制品，其形状就像生活中所用的棉线毡或毛线毡，具有低密度、轻质量、高强度等优点，可用于制造各种轻质玻璃钢制品。

按用途玻璃纤维毡可分为：

① 短切原丝毡；

② 连续原丝毡；

③ 表面毡；

④ 针刺毡，它是将连续玻璃原丝用抛丝装置随机抛在连续网带上，经针板针刺，形成纤维相互勾连的三维结构的毡，其主要用途包括用作隔热隔声材料、衬热材料、过滤材料等。

（3）玻璃纤维织物

用玻璃纤维纱线织造的各种玻璃纤维织物有以下几类。

① 玻璃布。分无碱和中碱两类。无碱玻璃布主要用于生产各种电绝缘层压板、印刷线路板、各种车辆车体、贮罐、船艇、模具等。中碱玻璃布主要用于生产涂塑包装布，以及用于耐腐蚀场合。

织物的特性由纤维性能、经纬密度、纱线结构和织纹所决定。经纬密度又由纱结构和织纹决定。经纬密度加上纱结构，就决定了织物的物理性质，如重量、厚度和断裂强度等。有五种基本的织纹：平纹、斜纹、缎纹、螺纹和席纹。

② 玻璃带。玻璃带分为有织边带和无织边带（毛边带），主要织纹是平纹。玻璃带常用于制造高强度、介电性能好的电气设备零部件。

③ 单向织物。单向织物是一种粗经纱和细纬纱织成的四经缎纹或长轴缎纹织物。其特点是在经纱主向上具有高强度。

④ 立体织物。立体织物是相对于平面织物而言的，其结构特征从一维、二维发展到了三维，从而使制得的复合材料具有良好的整体性和仿形性，大大提高了复合材料的层间剪切强度和抗损伤容限。它是随着航天、航空、兵器、船舶等部门的特殊需求发展起来的，目前其应用已拓展至汽车、体育运动器材、医疗器械等部门。主要有五类：机织三维织物、针织三维织物、正交及非正交非织造三维织物、三维编织织物和其他形式的三维织物。立体织物的形状有块状、柱状、管状、空心截锥体及变厚度异形截面等。

⑤ 异形织物。异形织物的形状和它所要增强的制品的形状非常相似，必须在专用的织机上织造。对称形状的异形织物有：圆盖、锥体、帽、哑铃形织物等，还可以制成箱、船壳等不对称形状。

2.3 独占鳌头的碳纤维

碳纤维（carbon fiber，CF）是一种连续细丝碳材料，直径范围在6～8μm内，仅为人的头发丝的1/3左右。是近数十年来为满足高性能飞机对材料的需求而发展起来的一种新型材料。尽管碳纤维的含碳量在90%以上，但是它的制备不是直接用碳材料抽取的。碳材料不溶于任何溶剂，也不能用熔融纺丝法制取，而是由有机高分子纤维，即聚丙烯腈纤维，或石油沥青或煤沥青纤维经专门的碳化处理而制得的。用于制备碳纤维的有机纤维称为前驱体或原丝。在美国，碳纤维也被称为石墨纤维（graphite fiber），但真正意义上的石墨纤维是将相应的有机前驱体纤维制成碳纤维后，再经2000～3300℃石墨化处理后而得到的纤维材料，含碳量高达99%，因此弹性模量也大为提高，用石墨纤维制造的复合材料，不仅轻质高强，而且刚性和尺寸稳定性特别好，在航天应用中，被用来制造卫星天线或太阳能电池矩阵。

碳纤维的研究开发启迪于对20世纪50年代开发的玻璃纤维复合材料性能的认识和经验。通常的玻璃纤维复合材料，密度要高出碳纤维复合材料1/3以上，而拉伸强度仅是碳纤维复合材料的2/3，模量则更低，不到1/3，满足不了高性能飞机的要求。因此研究高强、高模及低密的增强纤维成为发展高性能纤维复合材料的前提。在碳纤维之前，曾经开发过硼纤维，1960年钨丝芯硼纤维开始了小批量的生产，硼纤维直径约100μm，拉伸模量达400GPa，拉伸强度达3800MPa，纤维体积分数为60%的硼纤维增强环氧复合材料（相对密度≈2.0），拉伸模量达200GPa，比玻璃纤维复合材料（相对密度≈1.8）的拉伸模量（40GPa）大5倍，比铝合金（相对密度≈2.7）的拉伸模量（70GPa）大3倍，因此美国空军材料实验室将硼纤维/环氧复材料命名为先进复合材料（advanced composite materials，ACM），并于20世纪60年代后期开始了在飞机结构上的应用，如飞机水平尾翼和垂直安定面翼盒结构等。

但是，硼纤维生产工艺复杂，成本高，硼纤维本身粗硬，很难在结构上推广应用。

在这种背景下，于20世纪60年代后期，创新型的聚丙烯腈基碳纤维研发成功并实现批量生产，从此开始了碳纤维复合材料在航空航天领域应用的里程碑。由于碳纤维复合材料优异的综合性能，特别是超常的高比强度和比模量，使结构的效率得以极大程度的发挥，因而到目前为止，被看成是一种理想的航空航天结构材料，近50年来，它在航空航天领域的应用得到了长足的发展。

碳纤维的微观结构尚未完全清楚，但基本可以认为碳纤维的微观结构类似人造石墨，碳原子以石墨化的六方微晶体的形式连接在一起，形成无规乱层石墨结构，并沿纤维的轴向进行取向排列，这种结晶的取向排列使碳纤维强度变得非常高。典型的碳纤维结构如图2-2所示。

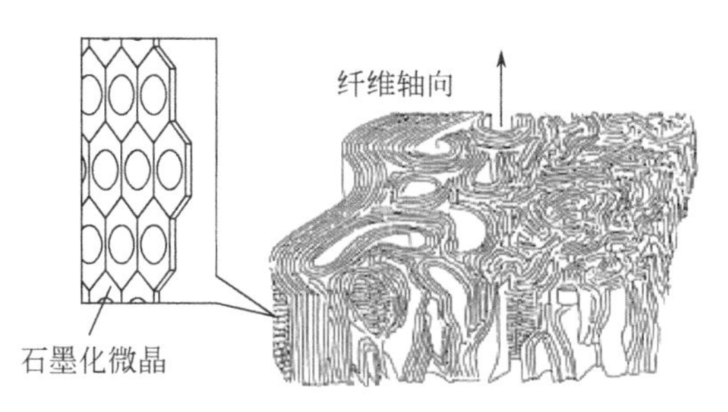

图2-2 碳纤维微观结构示意图

碳纤维的力学行为可以看成在断裂之前呈线性的应力－应变关系，表示它的强度与应变成正比。但碳纤维断裂是瞬时的脆性断裂，这在碳纤维复合材料结构设计时必须充分考虑。

碳纤维最突出的优点体现在它的超出其他工程材料许多的比强度和比刚度（见表2-1）。

表2-1 碳纤维与其他材料性能的比较

材料	密度（ρ）/（g/cm^3）	抗拉强度（σ）/MPa	拉伸模量（E）/GPa	比强度（σ/ρ）	比模量（E/ρ）
高模碳纤维	1.7	4000	240	24	140
高强钢	7.8	340 ~ 2100	208	0.04 ~ 0.27	27
高强铝合金	2.7	144 ~ 650	69	0.05 ~ 0.23	26
E-玻璃纤维	2.54	3100 ~ 3800	72.5 ~ 75.5	12.6 ~ 15	28.5 ~ 29.5
芳纶49	1.44	2800	126	1.94	88
硼纤维	2.36	2750	382	1.17	162
碳化硅	2.69	3430	480	1.28	178

由表2-1可以看出，碳纤维的比强度和比模量要远高出高强钢和高强铝合金，“比强度（specific strength）”和“比模量（specific modulus）”，它们是

指材料单位质量的强度和模量，显然如果一种材料的密度小而又能提供相当高的强度和模量，也就是它具有高比强度和高比模量，碳纤维正是在这点上体现出了巨大的优势。用碳纤维增强的树脂基复合材料是一种优秀的轻质高强的结构材料，在许多工业领域，特别是在航空航天领域得到了广泛的应用。

此外，碳纤维还具有耐腐蚀、抗疲劳、耐高温、膨胀系数小、尺寸稳定性高、导电等优点。

目前碳纤维主要从原丝类型、使用性能方面进行分类。

按原丝类型分类有聚丙烯腈基纤维、沥青基纤维、黏胶基纤维、木质素纤维基纤维和其他有机纤维基碳纤维。

按使用性能分则有通用级碳纤维（其拉伸强度<1.4GPa，拉伸模量<140GPa）和高性能碳纤维，包括：高强型（强度2000MPa，模量250GPa）、高模型（模量300GPa以上）、超高强型（强度大于4000MPa）、超高模型（模量大于450GPa），还有高强－高模、中强－中模等碳纤维。

商品化的碳纤维主流产品有两大类，一是聚丙烯腈基碳纤维（PAN-base CF），二是沥青基碳纤维（pitch-base CF）。

同玻璃纤维一样，用作增强体的碳纤维可以是纤维本身，包括连续、长、短纤维，以及各种纤维织物、布、带、毡等。

2.3.1 聚丙烯腈基碳纤维（PAN-base CF）

聚丙烯腈基碳纤维是用聚丙烯腈原丝制造的碳纤维，在全球高性能碳纤维的产量中，聚丙烯腈基碳纤维占有80%以上的份额，成为碳纤维的主导品种，主要用作增强材料用于纤维复合材料的制造，广泛地用于航空航天及其他工业部门。

聚丙烯腈基碳纤维制造的基本工艺流程如下：

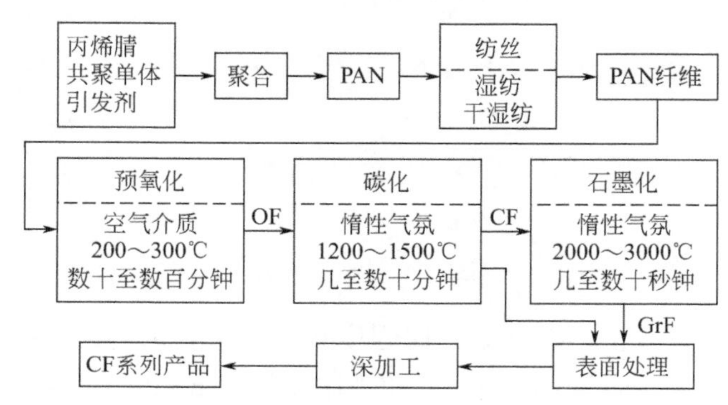

聚丙烯腈基碳纤维的制造过程包括：聚丙烯腈原液聚合、纺丝、原丝预氧化、碳化（石墨化）及深加工处理几个环节。

（1）聚合

用聚丙烯腈单体加入2%的第二和第三共聚单体，在引发剂的作用下进行共聚，得到聚丙烯腈共聚物原液。加入共聚单体能使原丝预氧化时既能加速大分子的环化，又能缓和纤维化学反应的激烈程度，使反应易于控制；并可大大提高预氧化及碳化的速度；有利于预氧化过程的沿纤维方向的牵伸。所加的共聚单体，多为不饱和羧酸类：如甲基丙烯酸、丙烯酸、丁烯酸、顺丁烯二酸、甲基反丁烯酸等。聚合单体和其他原料的纯度必须控制，以减少杂质对原丝质量的影响，避免将原丝中的杂质和缺陷“遗传”给碳纤维。

（2）纺丝

将聚丙烯腈原液抽取成聚丙烯腈原丝。一般采用湿法纺丝，包括原液过滤、喷丝、凝固浴（溶剂的水溶液）、水洗、拉伸等几个阶段。足够的水洗时间有利于去掉原丝残留溶剂，提高原丝和碳纤维的强度和模量。纺丝过程必须在洁净的无尘纺丝车间进行，避免空气中的尘埃粒子污染原丝。

所得到的原丝应具备高纯度、高强度和高取向度、细旦化等性能特点，以保证碳纤维性能的优良。

干喷湿法纺丝是近年来发展起来的纺丝新方法，具体方法是：将纺丝液由喷丝板喷出之后先经过（3～10mm）空气层，然后进入凝固浴。该法使用的喷丝孔孔径较大（0.1～0.3mm）可使高黏度纺丝液成纤；空气干层是有效拉伸区，不仅可提高纺丝速度，而且容易得到高强度高取向度的纤维，纤维的结构均匀致密，它的强度比湿法纺丝得到的原丝强度高，从而保证了碳纤维有足够的强度。

（3）预氧化

原丝在200～300℃下氧化气氛中（空气）受张力的情况下进行。预氧化的目的是使线型分子链转化成耐热梯形六元环结构，以使PAN纤维在高温碳化时不熔不燃，保持纤维形态，从而得到高质量的CF。

预氧化将使纤维颜色由白到黄，再到棕褐色直至最后变成黑色。

为了得到优质碳纤维，继续保持大分子主链结构对纤维轴的择优取向，预氧化过程必须对纤维施加张力，实行多段拉伸。

（4）碳化

分预碳化和碳化两个阶段。处理温度分别为400～600℃和600～1000℃。碳化必须在惰性气体保护下，一般采用高纯度氮气（含量为99.990%～99.999%），纤维中的非碳原子如N、H、O等元素被裂解出去，纤维中的含碳量从60%左右提高到92%以上。碳化时纤维也会发生物理收缩和化学收缩，因此，碳化时也必须加适量的张力进行拉伸，以得到优质碳纤维。纤维经过低温碳化处理后，其强度大约在1.5～2.0GPa，模量约120GPa，经过高温处理后强度显著提高。

碳化过程的技术关键是保证非碳元素的各种气体（如CO_2、CO、H_2O、NH_3、H_2、HCN、N_2）的瞬间排除，如不及时排除，将造成纤维表面缺陷，甚至断裂。

（5）石墨化

2500～3000℃下在密封装置中采用保护气体进行，多使用高纯氩气，也可采用高纯氦气，并对纤维施加张力，目的是引起纤维石墨化晶体取向，使之与纤维轴方向的夹角进一步减小，以提高碳纤维的弹性模量。石墨化过程中，结晶碳含量不断提高，可达99%以上，纤维结构不断完善，由碳纤维的乱层石墨结构变成石墨纤维的类似石墨的层状结晶结构。

（6）表面处理和上浆

成品的碳纤维还需进行表面处理和上浆。表面处理是对纤维表面进行氧化或涂覆处理，以增加纤维的润湿性、抗氧化性，以及与基材的黏着性。方法主要有电化学法、热气氧化法和气体沉淀法等，其中较常用的为电化学法，处理装置包括电解槽和水洗槽两部分，纤维在以铂板为阴极和与之平行的石墨板为阳极的电解槽中使表面得到氧化，然后在水洗槽中用软水除去纤维上的电解质。

表面处理后的碳纤维还需进行上浆，目的是保护碳纤维表面处理（特别是臭氧处理或等离子体处理）后产生的表面活性，有利于改善与树脂基体的黏合力及后加工性能，防止毛丝的产生。上胶剂大多用聚酰胺类和环氧树脂类的低浓度溶液。上浆装置由调装槽、导辊、上浆槽、上浆辊、刮浆辊等构成。碳纤维经上浆后，复合材料强度提高15%～20%。

2.3.2 沥青基碳纤维（pitch-base carbon fiber）

沥青基碳纤维是一种以石油沥青或煤沥青为原料，经沥青的精制、纺丝、预氧化、碳化或石墨化而制得的含碳量大于92%的特种纤维。具有高强度、高模量、耐高温、耐腐蚀、抗疲劳、抗蠕变、导电与导热等优良性能，在航空航天工业、交通、机械、体育娱乐、休闲用品、医疗卫生和土木建筑方面得到广泛应用。

沥青基碳纤维与聚丙烯腈基碳纤维相比，强度和模量都较低，因而发展较慢。但随着中间相沥青制备工艺的不断完善和更新，沥青基碳纤维的性能得到较大的提高，目前抗拉强度已经达到300MPa以上，模量达到50GPa以上，有的甚至达到90GPa的水平。这就形成了PAN碳纤维和沥青基碳纤维在性能上互补的局面，但是沥青基碳纤维的生产成本非常低，在民用方面有更强的竞争力。

与聚丙烯腈基碳纤维一样，沥青基碳纤维也具有相对密度小、耐酸碱、耐腐蚀、导电、尺寸稳定性好等优点。

通用型沥青基碳纤维的制备分以下几个阶段。

（1）原料沥青的精制

沥青中，特别是煤焦油沥青中常含有游离碳和固体杂质，它们在纺丝过程中可能堵塞纺丝孔，细小颗粒残留在纤维中则是碳纤维的断裂源。为此，必须对沥青进行精制，以除去这些不溶物杂质。通常采取的方法是在沥青中加入一定量的溶剂，并将沥青加热到100℃以上，用不锈钢网或耐热玻璃纤维等进行过滤；在热过滤过程中，还必须用一定的氮气进行保护，防止过滤时沥青的氧化。

（2）沥青调制

沥青调制的目的一是除去沥青中的轻组分，防止在纺丝过程中产生气泡，造成丝的断裂；二是提高软化点，使分子量分布均匀。调制是通过沥青的热缩聚、加氢预处理、溶剂萃取的方法制取可纺沥青。调制的一般方法是空气吹扫法和热缩聚法。研究发现在360℃下空气吹扫2～4h煤沥青软化点能够显著提高，达到了282.6℃，并且具有良好的纺丝性能。

各种调制后的沥青需要进行分离，主要方法有沉降法、热滤法和超声波分离法等，从而达到除去各向同性沥青中的二次喹啉不溶物的目的。

（3）纺丝

沥青的熔纺与一般的高分子不同，它们在极短的时间内固化后就不能再进行牵伸，得到的沥青纤维十分脆弱，因此，在纺丝时就要求能纺成直径在15μm以下的低纤度纤维，以提高最终碳纤维的强度。纺丝方法主要有挤压法、离心法、熔吹法、涡流法。挤压法是用高压泵将熔化的高温液体沥青压入喷丝头，挤出成细丝；离心法是将熔化的高温沥青液体在高速旋转的离心转鼓内通过离心力作用被甩出立即凝固成纤维丝；熔吹法是将熔化的高温沥青液体送到喷丝头内，沥青液体从小孔压出后立即被高速流动的气体冷却和携带牵伸成纤维丝；涡流法是将高温液体沥青由热气流在其流出的切线方向吹出并被牵伸，所纺出的纤维具有不规则的卷曲。

纤维成型时的纺丝温度变得非常重要。纺丝温度的微小变化可导致纺丝压力的很大波动。因而，纺丝温度关系到纺丝操作的稳定性，以及最终碳纤维的性能。除此之外，挤出流速、收丝速度及这两者的比值（牵伸比）都会影响碳纤维的力学性能。

现在纺丝的方法有熔喷法和熔纺法，二者各具特色，可根据产品的特性和工艺装备的可能性进行选择。

（4）沥青纤维的预氧化稳定

沥青纤维必须通过碳化，充分除去其中的非碳原子，最终得到碳元素所固有的特性；但由于沥青的可溶性和黏性，在刚开始加温时就会黏合在一起，影响单丝碳纤维的形成，所以必须先进行碳纤维的预氧化处理。另外预氧化还可以提高沥青纤维的力学性能，增加碳化前的抗拉强度。沥青纤维在氧化过程中发生了十分显著的化学变化和物理变化，其中最主要的变化是分子之间产生了交联，使纤维具有不溶解、不熔融的性能。

目前，预氧化有气相法和液相法两种，气相法氧化剂通常采用空气、NO_2、SO_3、臭氧和富氧气体等；液相法氧化剂采用硝酸、硫酸、高锰酸钾和过氧化氢等溶液。在预氧化过程中，要求纤维氧化均匀，不应形成中心过低、边缘过高的皮芯结构。氧化温度一般在200～400℃下。

（5）沥青基碳纤维的碳化和石墨化

预氧化后的沥青纤维应送到惰性气氛中进行碳化或石墨化处理，以提高最终力学性能。碳化是在1200℃左右进行，而石墨化则是在接近3000℃的条件下进行。碳化时，单分子间产生缩聚，同时伴随着脱氢、脱甲烷、脱水反应，使非碳原子不断被脱除，碳化后的纤维碳含量可达到92%以上，碳的固有特性得到发展，单丝的拉伸强度、模量增加。随着碳纤维应用领域的拓宽，比如说将其组装成锂离子电池和超级电容器，使得对其性质的要求更高，于是进一步石墨化便变得不可缺少，以进一步增加碳含量。

（6）沥青基碳纤维的后处理

为了进一步提高沥青纤维与复合基体的亲和力和黏结力，还必须对沥青纤维进行表面处理，以消除表面杂质，并在纤维表面形成微孔，增加表面能。但是这方面由于要根据具体的实际需要而定，因此方法的种类很多。现在主要的处理方法有空气氧化法、液相氧化法等。

当前，制备沥青基碳纤维的产业化仍然存在一些问题，如沥青的高度精制、热稳定性高的中间相沥青的制备、高轴径比和高分子性能的中间相沥青的制备、纺丝时纤维内取向的控制、纺丝后沥青纤维强度的提高、不熔化处理生产能力的提高、碳纤维性能强度、弹性模量、伸长率的改进等。

2.4 带有神秘色彩的芳纶

芳纶（aramid fiber）全称为“聚对苯二甲酰对苯二胺”，英文为aramid fiber（杜邦公司的商品名为Kevlar），其分子结构是：至少有85%的酰胺链（—CONH—）直接与两个苯环相连接。它是一种新型高科技合成纤维，具有超高强度、高模量和耐高温、耐酸、耐碱、重量轻等优良性能，其强度是钢丝的5～6倍，模量为钢丝或玻璃纤维的2～3倍，韧性是钢丝的2倍，而重量仅为钢丝的1/5左右，在560℃的温度下，不分解，不熔化。它具有良好的绝缘性和抗老化性能，具有很长的生命周期。芳纶目前主要分对位芳纶和间位芳纶。

芳纶的性能特点如下。

（1）良好的机械特性

芳纶是一种柔性高分子，断裂强度高于普通涤纶、棉、尼龙等，伸长率较大，手感柔软，可纺性好，可生产成不同纤度、长度的短纤维和长丝，用一般纺织机械制成不同纱支织成的面料、无纺布，经过后整理，满足不同领域的防护服装的要求。

（2）优异的阻燃、耐热性能

间位芳纶的极限氧指数（LOI）大于28，因此当它离开火焰时不会继续燃烧。间位芳纶的阻燃特性是由其自身化学结构所决定的，因而是一种永久阻燃纤维，不会因使用时间和洗涤次数而降低或丧失阻燃性能。间位芳纶具有很好的热稳定性，在205℃的条件下可以连续使用，在大于205℃高温条件下仍能保持较高的强力。

（3）稳定的化学性质

芳纶具有优异的耐大多数化学物质的性能，可耐大多数高浓度的无机酸，常温下耐碱性能好。

（4）耐辐射性

芳纶的耐辐射性能十分优异。例如在1.2×10^{-2} W/in^{2}紫外线和1.72×108rads的γ射线的长时间照射下，其强度仍保持不变。

（5）耐久性

芳纶优良的耐摩擦和耐化学品性能，经过100次洗涤后，用间位芳纶加工的布料撕破强力仍可以达到原强力的85%以上。

芳纶具有很高的拉伸强度和优异的韧性，可与树脂基体或陶瓷基体制成复合材料，用于装甲和防护。利用芳纶的阻燃性，制成的复合材料可用来制造飞机的内舱件。此外在造船、体育器材、汽车、建筑等工业领域也有广泛应用，如：在建筑业可以作增强混凝土构件、汽车业可替代石棉来制造刹车片、离合器、整流器等，芳纶子午线汽车轮胎是发展很快的新产品，能有效地提高轮胎的使用寿命和防爆安全性。此外，还有耐热制品如芳纶增强的橡胶传送带，以及高性能的绳索等。

2.5 纤维家族的新宠——超高分子量聚乙烯纤维

超高分子量聚乙烯纤维（ultra high molecular weight polyethylene fiber，UHMWPE）又称高强高模聚乙烯纤维，是近年来出现的强度最高的纤维，是用相对分子质量在100万～500万的聚乙烯所纺出的纤维。

纤维的制作，总体上与常规聚酯纤维的制作有相似之处，主要生产工序如下：原料制备→双螺杆挤出→纺丝箱→喷丝板→萃取→干燥→加热牵伸→卷绕成型。每个环节都必须进行严格的质量控制。

（1）原料制备

原料制备方法不一，采用的溶剂不同，固含量也不一样。因此原料的配比不能有波动，要求始终均匀一致。

（2）双螺杆挤出

对物料起着输送→搅拌→加热→加压等作用。首先，进入“螺杆”之前的浆料要脱泡，不能含有水汽，物料在输送过程中，要充分得到混炼搅拌。各区的加热温度，要通过螺杆上捏合块的位置加以设定，并且要保证一定的输送压力。螺杆捏合块的设定，理论性很强，不同的组合，对物料的搅拌会有不同的效果。

（3）纺丝箱

它的作用主要是保温；控温；均匀地将物料分配到每一个纺丝组件。

（4）喷丝板

通过喷丝板将计量泵输送的物料变为丝线，板的孔径大小及刨面形状是它的重要技术参数，直接关系到对纤维的成型及拉伸性能。这一环节，是整个生产当中的关键。纺丝箱和喷丝板处的温度必须进行严格控制。

（5）萃取

萃取主要是将丝条中大量的溶剂萃取、置换出来，从而得到“纯”的高强度聚乙烯纤维。萃取剂的选取，对成本、安全环保、纤维质量都至关重要，要根据所采用的生产工艺进行选取。

从纺丝到萃取这一工段中，要对丝条随机不断地拉伸，使分子定向排列，形成大分子链，以大幅提高纤维的拉伸强度。

（6）干燥

干燥的主要目的是将粘于丝条上的萃取剂去除烘干，以备牵伸之用。干燥温度和干燥长度的把握是其关键所在，直接关系到后牵伸的产品质量。

（7）加热牵伸

采取多级牵伸方式。每一级牵伸过程中，分子间结构都有很大的变化。随着拉伸，大分子间由无序状向有序状变化，定向排列，结晶度也随之逐渐提高。随着纤维的大分子沿纤维轴向的取向度提高，大分子链产生的数量不断增多，抱合力就越大，纤维的强度也就越高。

超高分子量聚乙烯纤维具有众多的优异特性，在现代化国防和航空、航天、海域防御装备等领域发挥着举足轻重的作用。

在国防军需装备方面，由于该纤维的耐冲击性能好，比能量吸收大，可以制成防护衣料、头盔、防弹材料，如直升机、坦克和舰船的装甲防护板、雷达的防护外壳罩、导弹罩、防弹衣、防刺衣、盾牌、降落伞等。

在航空航天工程中，由于该纤维复合材料轻质高强和抗冲击性能好，适用于各种飞机的翼尖结构、飞船结构和浮标飞机等，也可以用作航天飞机着陆的减速降落伞和飞机上悬吊重物的绳索。

在民用工程中，由于超高的拉伸强度，普遍用于负力绳索、重载绳索、救捞绳、拖拽绳、帆船索和钓鱼线等，还可用于超级油轮、海洋操作平台、

灯塔等的固定锚绳。

在体育用品方面已经制成安全帽、滑雪板、帆轮板、钓竿、球拍及自行车、滑翔板、超轻量飞机零部件等，性能好于传统材料。

以上4种纤维主要用作树脂基复合材料的增强材料，对于金属基和陶瓷基复合材料，常用的纤维增强体有碳化硅、碳化硼、氮化硅、氮化硼等纤维。

2.6 纳米增强材料

纳米复合材料近年来得到广泛的关注。纳米材料是指至少有一个维度的尺寸小于100nm或由小于100nm的基本单元组成的材料。纳米材料通常按照维度进行分类，其中零维纳米材料包括原子团簇、纳米微粒，一维纳米材料包括纳米线和纳米管等，纳米薄膜为二维纳米材料，纳米块体为三维纳米材料。

当材料维度进入纳米级，便表现出一般材料不具备的独特效应，具体如下。

① 尺寸效应。当材料处于0.1～100nm的纳米尺寸范围内时，会呈现出异常的物理、化学和生物特性，包括声、光、电、磁、热力学等呈现出新的小尺寸效应，如出现光吸收显著增加；材料的磁性也会发生很大变化，如一般铁的矫顽力约为80A/m，而直径小于20nm的铁，其矫顽力却增加了1000倍。若将纳米粒子添加到聚合物中，不但可以改善聚合物的力学性能，甚至还可以赋予其新性能。

② 量子效应。微观粒子贯穿势垒的能力称为隧道效应。纳米粒子的磁化强度等也具有隧道效应，它们可以穿越宏观系统的势垒而产生变化，这称为纳米粒子的宏观量子隧道效应。量子效应对基础研究及实际应用，如导电、导磁高聚物、微波吸收高聚物等，都具有重要意义。

③ 表面效应。纳米材料由于表面原子数增多，晶界上的原子占有相当高的比例，而表面原子配位数不足和高的表面自由能，使这些原子易与其他原子相结合而稳定下来，从而具有很高的化学活性，这对增强复合材料的界面结合非常有帮助。

纳米材料的应用称为纳米技术，其中纳米复合材料技术是重要的一个方面。目前纳米复合材料的主要品种有以下几种。

2.6.1 黏土纳米复合材料

主要有蒙脱土增强的聚合物复合材料。由于层状无机物在一定作用力下能碎裂成纳米尺寸的微型层片，它不仅可让聚合物嵌入层片之间，形成“嵌入纳米复合材料”，还可使层片均匀地分散于聚合物中形成“层离纳米复合材料”。其中黏土具有亲油性，易与有机阳离子发生交换反应，提高与聚合物的黏结性。黏土纳米复合材料制备的技术有插层法和剥离法，插层法是预先对黏土层片间进行插层处理后，制成“嵌入纳米复合材料”，而剥离法则是采用一些手段对黏土层片直接进行剥离，形成“层离纳米复合材料”。

2.6.2 刚性纳米粒子复合材料

用刚性纳米粒子对脆性聚合物增韧是改善其力学性能的另一种可行性方法。随着无机粒子微细化技术和粒子表面处理技术的发展，特别是近年来纳米级无机粒子的出现，塑料的增韧彻底冲破了以往在塑料中加入橡胶类弹性体的做法。采用纳米刚性粒子填充不仅会使韧性、强度得到提高，而且其性价比也将大幅度提高。

2.6.3 碳纳米管复合材料

碳纳米管于1991年由S.Iijima发现，其直径比碳纤维小数千倍，其主要用途之一是作为聚合物复合材料的增强材料。图2-3给出单壁碳纳米管（SWCNT）和多壁碳纳米管（MWCNT）结构示意图。

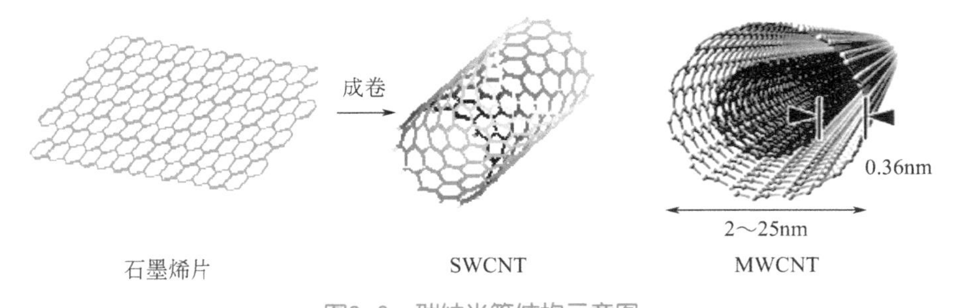

图2-3 碳纳米管结构示意图

碳纳米管的力学性能相当突出。现已测出碳纳米管的强度实验值为30～50GPa。尽管碳纳米管的强度高，脆性却不像碳纤维那样高。碳纤维在约1%变形时就会断裂，而碳纳米管要到约18%变形时才断裂。碳纳米

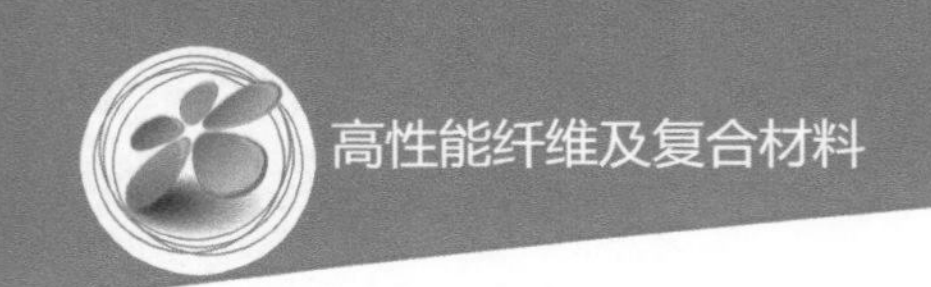

管的层间剪切强度高达500MPa，比传统碳纤维增强环氧树脂复合材料高一个数量级。在电性能方面，碳纳米管作聚合物的填料具有独特的优势。加入少量碳纳米管即可大幅度提高材料的导电性。同时，由于纳米管本身的长度极短而且柔曲性好，填入聚合物基体时不会断裂，因而能保持其高长径比。有研究表明，在塑料中含2%～3%的多壁碳纳米管使电导率提高了14个数量级，从10^{-12}s/m提高到了10^{2}s/m。

第3章

复合材料原理

复合材料原理

本章将介绍先进复合材料技术的基础知识。先进复合材料技术现在已发展成为一门独立的前沿性的新材料技术。其基本内容包括材料设计和优化技术、新型组分材料研发技术、高效低成本的制造技术，以及性能表征评价和应用保障技术等，所有这些技术都贯穿一个主题，或围绕一条主线，就是“复合”。

3.1 复合原理与复合效应

3.1.1 复合原理

复合的基本原理就是将两种或两种以上的异形、异质、异构的材料通过专门的工艺制造出一种新型的材料体系，即复合材料。因此复合材料在宏观上包括至少两种不同的组分材料，呈多相组成的形态，这两种组分，一是基体（matrix），二是增强体（reinforcement）或功能体（functional agent），基于这一事实，复合材料按使用要求分为结构复合材料和功能复合材料两大类。

不是所有的通过物理或化学方法得到的混合物或化合物都能称为复合材料，金属材料中的合金也不能算复合材料。为了有别于越来越多的混合物、化合物和合金，近年来对什么是复合材料有了较明确的界定，主要有以下几方面。

① 复合材料是人工合成的，以区别于具有复合材料形态的某些天然物质。

② 其组分材料的性质和含量可以进行选择和设计，有人提出，每种组分含量至少在5% 以上。

③ 组成复合材料的主要组分在复合后仍保持其固有的物理和化学特性，以区别于合金和化合物。

④ 复合后的各组分材料之间存在明显的结合界面，在宏观上是多相的材料体系。

⑤ 复合材料的性能取决于各组分的化学成分和性能，复合后可得到原组分不能提供的性能，也就是说，复合能使材料高性能化和特殊功能化。

由此可以看出，复合材料虽然也是由两种以上不同材料的复合，但它明显的复合效应，通过复合既保留了原组分的重要特性，又获得了新的性能或功能，与一般材料简单的混合有本质区别。

从宏观上看，一种复合材料至少应包括三种互相独立的组成相，即基体、增强体和它们结合的界面。界面对复合材料的性能影响巨大，多年来一直在广泛研究，对于界面有两种说法，一种是界面（interface），即是基体与纤维的物理结合，形成界面层，结合的强度与所用的基体与纤维的性能有关，应该说主要取决于基体的结合力；另一种是界面相（interphase），即是基体与纤维在结合面发生了化学反应，形成了一层极薄的第三相物质，这种界面相在某些研究中得到了初步认识，但更进一步的研究是很困难的，因为界面实在太小，定性和定量地深入研究有困难。总之界面对复合材料的性能至关重要，它主要取决于基体与纤维的相容性及复合材料成型工艺质量。

纤维增强的树脂基复合材料，尤其是碳纤维树脂基复合材料是目前在结构应用中发展的主流。其复合的原理由图3-1所示，这是一种最基本的复合，将平行排列的纤维与树脂直接组合成复合材料。

纤维与树脂的复合有多种方式，而在航空航天领域中，大量采用的是用连续纤维增强的层压复合材料（见图3-2）。它是先将平行纤维与树脂基体制成层片（通常以预浸料的形式提供），再经过铺层设计，将层片按不同的纤维取向进行叠合，最后用热压成型的方法制成层压板或层合板，其中图3-2（a）是单向层板，纤维沿同一个取向，呈各向异性，平行纤维方向与垂直方向性能不同，这点与各向同性的金属板绝不相同，它是研究复合材料最基本的单元。图3-2（b）是多向层板，采用对称铺层设计，即在层板中心面两侧的各层纤维的取向是对称的，称为各向同性板。

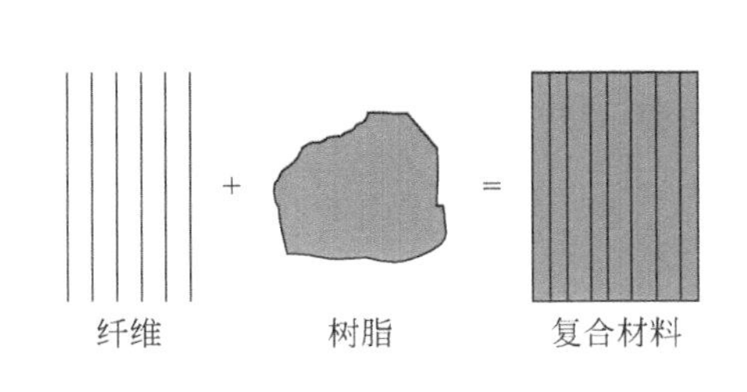

图3-1　纤维与树脂复合示意图

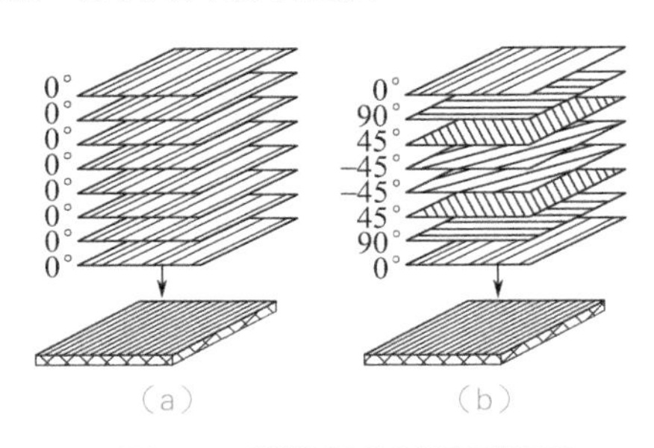

图3-2　纤维复合材料层压板

现代复合材料技术正是基于这种层压结构而发展起来的，比如复合材料力学，包括微观力学和宏观力学，它必须研究各组分（如基体和增强体）的性能、含量、复合方式、界面结合、非均匀性的影响等微观特性，以及

纤维取向、层片叠合顺序、层压板强度和刚度、失效准则、湿热环境影响等宏观特性，成为复合材料结构设计的技术基础。

为了改善这种层压结构中的纤维与基体的界面结合以及层与层之间的结合，近年来发展了用二维或三维的纤维编织件或缝合件与树脂复合的技术［见图2-1（d）］。这种增强方式解决了层压复合材料薄弱的层间结合问题。

复合材料另一种特殊的结构形式是夹层结构（见图3-3）。强度很高的上下面板与轻质夹芯用胶膜粘接在一起，形成一个“三明治”，面板可以是玻璃纤维或碳纤维复合材料，芯材可以是蜂窝、高性能泡沫塑料及特形芯材，但蜂窝芯用得最多，如Nomex蜂窝芯。夹层结构的特点是重量轻、刚性好，能承受较高的弯曲和扭曲载荷，在飞机雷达罩和机翼上得到了应用。

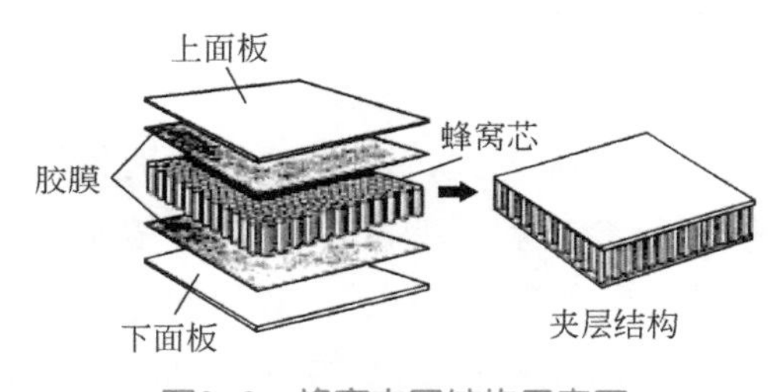

图3-3　蜂窝夹层结构示意图

3.1.2　复合效应

复合效应是指复合过程中各组分材料的相互作用或相互影响，形成各取所长、优势互补，实现复合材料的高性能化，或得到一种或多种新的功能。因此复合材料的整体性能不是其组分材料性能的简单叠加和平均，而是通过各种复合效应得到一种不同于原组分材料的新材料体系。复合效果体现在以下几个方面。

（1）力学性能的增强

纤维与基体复合后，在基体的连接和约束下，形成了固定的形状和尺寸，并通过界面进行彼此之间的载荷传递，成为承载主体，复合材料优异的力学性能只能通过两者的复合才得以实现和发挥。

（2）光学性能与力学性能的复合

用透光性极好的玻璃纤维增强聚酯复合材料，具有很好的力学性能并同时具有充分的透光性，应用于透光的建筑结构制品。

（3）电性能与力学性能的复合

玻璃纤维增强树脂基复合材料具有良好的力学性能，同时又是一种优良的电绝缘材料，用于制造各种仪表、电机与电器的绝缘零件，在高频作用下仍能保持良好的介电性能，又具有电磁波穿透性，适合制作雷达天线罩。聚合物基体中引入炭黑、石墨、酞花菁络合物或金属粉等导电填料制成的复合材料具有导电性能，同时具有高分子材料的力学性能和其他特性。

（4）热性能与力学性能的复合

① 耐热性能。树脂基复合材料在某些场合的使用除力学性能外，往往需要同时具有好的耐热性能。耐热性能取决于所用的树脂基体，如飞机结构的环氧树脂复合材料最高使用温度可达150℃，双马树脂为180～220℃。

② 热防护性能。航天飞行器在往返大气层中时的表面温度将达数千摄氏度，一般的材料很难承受如此高温，通常采用热烧蚀材料进行防护；耐烧蚀材料是靠材料本身的烧蚀带走热量而起到防护作用。玻璃纤维、石英纤维及碳纤维增强的酚醛树脂是成功的烧蚀材料。酚醛树脂遇到高温立即碳化形成耐热性高的碳原子骨架；玻璃纤维还可部分气化，在表面残留下几乎是纯的二氧化硅，它具有相当高的黏结性能。两方面的作用，使酚醛玻璃钢具有极高的耐烧蚀性能。

（5）吸波隐身功能与力学性能复合

在复合材料的基础上加入雷达波吸收材料，并通过对结构的特殊外形设计，可以得到吸波隐身功能。

（6）透波功能与力学性能复合

玻璃纤维有透过雷达波的功能，因此玻璃纤维复合材料可以制造雷达天线罩。

综上所述，复合效应的效果体现在诸多方面，不单纯是提高力学性能，还能得到功能化效果，使复合材料实现结构功能一体化和智能化。

复合效应取决于组分材料的性能、含量及复合方式，而加工和成型工艺则是复合效应能否充分得到体现和发挥的关键。

3.2 复合材料的分类及性能优点

复合材料现已成为材料大家族，种类繁多，分类的方法也不尽相同，现在通行的方法是以基体和增强体种类来分类。

3.2.1 复合材料按基体分类

具体如下。

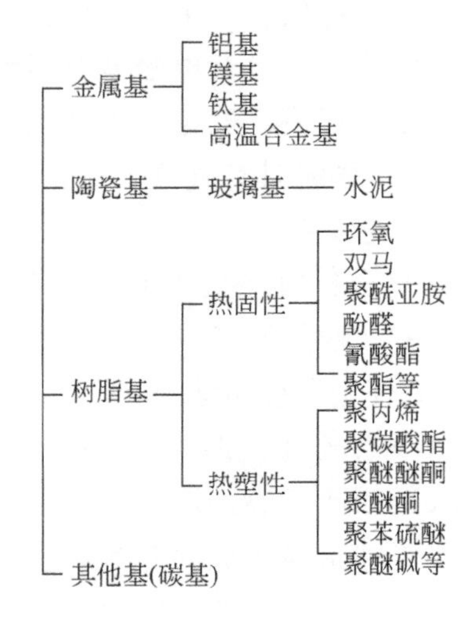

3.2.2 复合材料按增强体分类

具体如下。

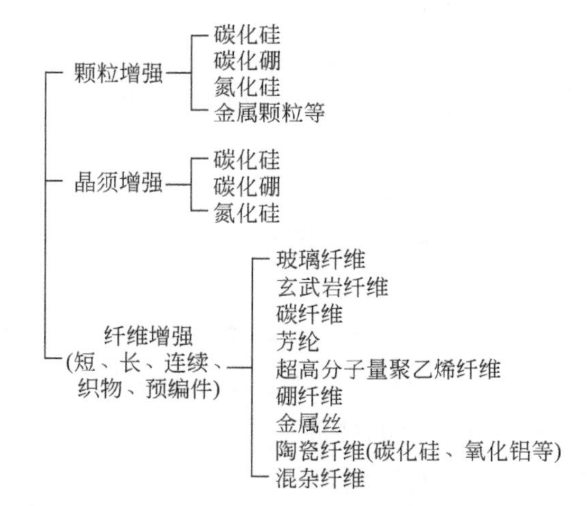

基于上述分类，在命名一种复合材料时，通常应给出全称，如连续碳纤维增强氧树脂基复合材料、碳化硅晶须增强铝基复合材料、短切玻璃纤维毡增强聚酯等。

除了上述两种基本分类方法外，有时也根据成型工艺来命名，如层压复合材料、模压复合材料、纤维缠绕复合材料、拉挤复合材料等。

也还有按使用目的来命名的，如航空航天复合材料、车用复合材料、船用复合材料、建筑复合材料等。

工程材料按用途分为结构材料和功能材料，复合材料也是这样，根据使用目的，分为结构复合材料和功能复合材料。

结构复合材料是指具有强度、刚度等力学性能并能作为承力结构件使用的一类材料，是目前复合材料发展的主流，由于质轻、高强、性能可设计、整体化成型等优点，在航空航天和其他领域得到越来越多的应用。

功能复合材料是指具有电学、磁学、光学、热学、声学、力学、化学、生物医学等特殊新型功能的一类材料。一般用于信号采集、储存、转换、传输，或完成特殊的物理、化学、生物学效应，或功能的相互转化，以满足不同的使用要求。新型功能复合材料主要用来制造各种功能元器件而被广泛应用于各类高技术产业，如能源、信息、生物工程、航空航天、现代交通、节能环保、海洋工程等。

功能复合材料发展很快，种类很多，涉及的技术内容非常广泛，而且有的功能互相交叉融合，一般以其主要的物理、化学和生物功能特征来分类（见表3-1）。

表3-1 主要功能复合材料的分类及应用

功能特征	复合材料品种	主要应用范围
电学功能	导电复合材料 压电复合材料 半导体复合材料 电磁屏蔽复合材料 透波复合材料 吸波隐身复合材料 温控导电（PTC）复合材料 导电纳米复合材料	弱电开关、抗腐蚀电极、厚膜电阻线路 声纳、水听器生物传感器 防静电地板、涂料 电子设备屏蔽、涂料 飞机雷达罩及天线罩 飞机及导弹蒙皮 自控恒温发热体 锂电池
磁学功能	永磁复合材料 软磁复合材料	磁感应、磁存储器件 磁控、磁阀
光学功能	透光复合材料 光传导复合材料 发光复合材料 光致变色复合材料 感光复合材料 光电转换复合材料 光记录复合材料 透X射线复合材料	农用温室顶板 光纤传感器 荧光显示板 变色眼镜 光刻胶 光电导摄像管 光学存储器 医用X射线检查设备床板

续表

功能特征	复合材料品种	主要应用范围
热学功能	烧蚀防热复合材料 热适应复合材料 阻燃复合材料	固体火箭发动机喷管 半导体支撑板 车、船、飞行器等内装饰材料
声学功能	吸声复合材料（空气） 吸声复合材料（水汽） 声功能复合材料	隔声板 消声板 船舰声纳
机械功能	摩阻复合材料 阻尼复合材料	轴承刹车片 机械减震器
装甲功能	软质防弹装甲 复合材料层合板防弹装甲 陶瓷/复合材料防弹装甲	防弹衣 防弹头盔、军用车辆防弹装甲 航空复合装甲

功能复合材料的特点如下。

① 应用面宽。根据需要可设计与制备出不同功能的复合材料，以满足现代科学技术发展的需求。

② 研制周期短。一种结构材料从研究到应用，一般需要10～15年，甚至更长，而功能复合材料的研制周期要短得多。

③ 附加值高。单位质量的价格与利润远远高于结构复合材料。

④ 小批量，多品种。功能复合材料很少有大批量，但品种需求多。

⑤ 适于特殊用途。在不少场合，功能复合材料有着其他材料无法比拟的使用特性。

3.2.3 复合材料的性能特点

（1）优异的力学性能

对于航空应用的高端结构材料，轻质、高强是不断追求的目标，而碳纤维复合材料正是在这一点上体现出了独特的优势，具体表现在超高的比强度和比模量（见表3-2）上。比强度和比模量是真实反映材料力学性能的两个参数，也即是单位质量所能提供的强度的模量，显然比强度和比模量高的材料，相对于其他材料，质量轻但承载能力高，这对减轻结构质量，发挥材料效率是非常有利的。

由表3-2中可看出，碳纤维复合材料的比强度可达钢的14 倍，是铝的10 倍；而比模量则超过钢和铝的3倍。碳纤维复合材料这一特性使得材料的利用效率大为提高，实践证明，用碳纤维复合材料代替铝制造飞机结构，

表3-2 几种工程材料性能比较

材料	密度（ρ）/（g/cm^3）	拉伸模量（E）/GPa	拉伸强度（σ）/MPa	比模量（E/ρ）	比强度（σ/ρ）
高强钢	7.87	207	340～2100	26.30	0.04～0.27
铝6061-T6	2.70	68.9	310	25.52	0.11
高强碳纤维/环氧（单向）	1.55	137.8	1550	88.90	1.00
高模碳纤维/环氧（单向）	1.63	215	1240	131.90	0.76
玄武岩纤维/环氧（单向）	1.90	70	1000	36.84	0.53
E-玻璃纤维/环氧（单向）	1.85	39.3	965	21.24	0.52
芳纶49/环氧（单向）	1.38	75.8	1378	54.93	1.00

减重效率可达20%～40%。由此可以看出复合材料在航空航天领域内的重要地位。不仅如此，其他如汽车、海运、交通、风电等与运行速度有关的部门都会因采用复合材料而大为受益。

（2）各向异性和性能可设计性

如前所述，目前用得最多的是层压复合材料，由单向预浸带逐层叠合并固化而成，宏观上表现出非均匀和各向异性。单向带沿纤维方向的性能与垂直纤维方向的性能差别很大，因此按不同的方向铺设不同比例的单向带，可以设计出不同性能的层压板来满足不同的结构要求，这种性能可设计性也叫性能“剪裁”。通过这种“剪裁”可以使复合材料的效率充分发挥，真正做到“物尽其用”，例如在主承力方向，可以适当增加纤维含量比例而达到提高承载能力的效果，而不需要额外增加结构的重量。

层压复合材料各向异性的另一表现为层间性能低，在外力作用下，层与层的结合界面可能首先破坏；另外，层压复合材料对外来冲击敏感，冲击会引起局部分层，成为断裂源，因此在复合材料结构设计和使用中，分层和冲击损伤必须有所考虑。

（3）制造成型的多选择性

复合材料的材料成型和结构成型是同时完成的，这使得大型的和复杂的部件整体化成型成为可能，经过数十年的发展，到现在有数十种不同的成型工艺供选择，如热压罐、模压、纤维缠绕、树脂传递模塑（RTM）、拉挤、注射、喷塑，以及高度自动化的预浸带自动铺叠和纤维丝束的自动铺放等，实际应用时可根据构件的性能、材料的种类、产量的规模和成本的考虑等选择最适合的成型方案。

(4) 良好的耐疲劳性能

层压的复合材料对疲劳裂纹扩张有“止扩”作用，这是因为当裂纹由表面向内层扩展时，到达某一纤维取向不同的层面时，会使得裂纹扩展的断裂能在该层面内发散，这种特性使得FRP的疲劳强度大为提高。研究表明，钢和铝的疲劳强度是静力强度的50%，而复合材料可达90%。

(5) 良好的抗腐蚀性

由于复合材料的表面是一层高性能的环氧树脂或其他树脂塑料，因而具有良好的耐酸、耐碱及耐其他化学腐蚀性介质的性能。这种优点使复合材料在未来的电动汽车或其他有抗腐蚀要求的应用领域具有强大的竞争力。

(6) 环境影响

除了极高的温度，一般不考虑湿热对金属强度的影响。但复合材料结构则必须考虑湿热环境的联合作用。这是因为复合材料的树脂基体是一种高分子材料，会吸进水分，高温可加速水分吸收，湿热的联合作用会降低其玻璃化转变温度，对结合界面形成影响，从而引起由基体控制的力学性能（如压缩、剪切等）的明显下降。

综上所述，优异的比强度和比刚度以及性能可设计性是复合材料两个最突出的优点，它们为复合材料的应用提供了极为广阔的空间，也使得各种新型材料，如结构-功能一体化、多功能化、高功能化、智能化材料的开发成为可能。

3.3 复合材料的应用及发展前景

自20世纪30年代连续玻璃纤维生产技术得到开发，并成功用于增强酚醛树脂开始，复合材料已有80多年的发展历史，而用于航空航天的碳纤维增强的树脂基复合材料，也就是先进复合材料，自20世纪60年代问世以来，也跨越了半个多世纪的发展历程。先进复合材料的发展以满足航空航天需求为主，随着它的优点被越来越多地认识和接受，以及使用经验的不断积累，几十年来，特别是进入21世纪以来，应用范围不断扩大，除航空航天领域外，在船舰、交通、能源、建筑、机械以及休闲等领域也得到了越来越多的应用。

有关复合材料应用的内容十分丰富，不能面面俱到，只能是选择典型的有代表性的重要内容加以介绍。

3.3.1 航空航天

先进复合材料的发展初衷就是为了满足高性能航空器的发展需求，于20世纪60年代中期问世，即首先用于军用飞行器结构上。50多年来先进复合材料在飞机结构上的应用走过了一条由小到大、由次到主、由局部到整体、由结构到功能、由军机应用扩展到民机应用的发展道路。

纵观国外军机结构用复合材料的发展历程，大致可分为三个阶段。

第一阶段大约于20世纪70年代初完成，主要用于受力较小或非承力件，如舱门、口盖、整流罩以及襟副翼、方向舵等。

第二阶段由20世纪70年代末到80年代。主要用于垂尾、平尾等尾翼一级的次承力部件，以F-14硼/环氧复合材料平尾为代表，此后F-15、F-16、F-18、幻影2000和幻影4000等均采用了复合材料尾翼，此时复合材料的用量大约只占全机结构重量的5%～10%。

第三阶段自20世纪90年代开始，开始应用于机翼、机身等主要的承力结构，受力很大，规模也很大。例如美国原麦道公司研制成功的FA-18复合材料机翼，开创了主承结构件的里程碑，此时复合材料的用量已提高到了13%，此后世界各国所研制的军机机翼一级的部件几乎无一例外地都采用了复合材料，用量不断增加，如美国的AV-8B、B-2、F/A-22、F/A-18E/F、F-35，法国的“阵风”（Rafale），瑞典的JAS-39，欧洲英、德、意、西四国联合研制的“台风”（EF-2000），俄罗斯的C-37等（见表3-3）。

表3-3 国外军用飞机复合材料发展情况

机种	国别	用量/%	应用部位	首飞年份
阵风（Rafale）	法国	30	垂尾、机翼、机身结构的50%	1986
JAS-39	瑞典	30	机翼、垂尾、前翼、舱门等	1988
F/A-22	美国	25	机翼、前中机身、垂尾、平尾及大轴	1990
台风（EF-2000）	英、德、意、西四国	40	机翼、前中机身、垂尾、前翼	1994
F-35	美国	35	机翼、机身、垂尾、平尾、进气道	2000

复合材料在民机上的应用也发展很快，可以说30年来实现了跨越式的发展，世界两家航空巨头形成了明争暗斗的局面，以波音飞机为例，从20世纪70年代中期开始采用复合材料制造受力很小的前缘、口盖、整流罩、扰流板等构件；到80年代中期用复合材料制造升降舵、方向舵、襟副翼等受力较小的部件；到90年代开始了在垂尾、平尾受力较大部件上的应用，

如B-777设计应用了复合材料垂尾、平尾，共用复合材料9.9t，占结构总重的11%。进入21世纪，波音为了重振雄风，寄希望于复合材料，前几年正式推出了B-787“梦想”飞机，其复合材料用量达50%。

空客也不甘示弱，于20世纪70年代中期开始了先进复合材料在其A-300系列飞机上的应用研究，经过7年时间于1985年完成了A-320 全复合材料垂尾的研制，此后A-300系列飞机的尾翼一级的部件均采用复合材料，将复合材料的用量迅速推进到了 15%左右。现已交付使用的A-380超大型客机，复合材料用量达25%，包括中央翼、外翼、垂尾、平尾、机身地板梁和后承压框等。同时为了形成与波音抗争的局面，计划推出的A-350XWB飞机，复合材料用量达52%。

与此同时，直升机和无人机结构用复合材料发展更快，如美国的武装直升机科曼奇RAH66，共用复合材料50%。欧洲最新研制的虎式（Tiger）武装直升机，复合材料用量高达80%。X-45C无人机复合材料用量达90%以上，甚至出现了全复合材料无人机，如“太阳神”（Helios）号。国外军机和民机复合材料的应用进展如图3-4所示。

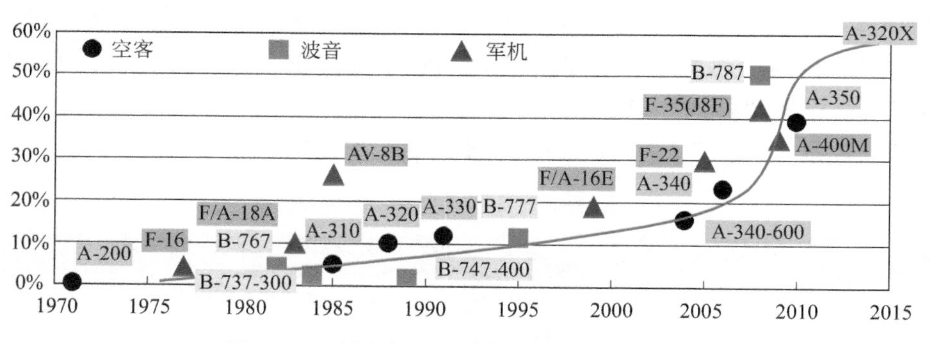

图3-4　国外军机和民机复合材料的应用进展

在今后20～30年中，航空复合材料将迎来新的发展时期，在飞机结构中用量的比例将继续增大，未来飞机特别是军机为了进一步达到结构减重与降低综合成本，复合材料将不断取代其他材料，用量继续增长。美国一报告中指出：到2020年，只有复合材料才有潜力使飞机获得20%～25%的性能提升，复合材料将成为飞机的基本材料，用量将达到65%（见图3-5）。

3.3.2　汽车交通

汽车工业已成为我国的支柱产业，近年来发展迅速。据统计2008年我

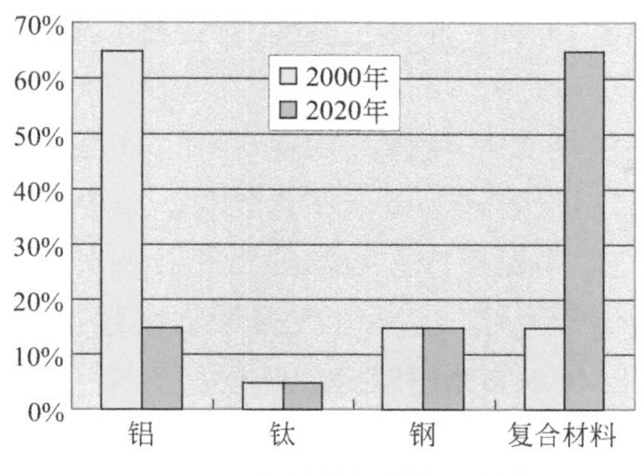

图3-5　飞机结构材料发展趋势

国汽车总产量为1000万辆，2009年达到1379万辆，而在2010年已经突破1800万辆，计划在2015年达到2500万辆。以产销量而言，中国已超过“生活在汽车轮子上”的国家——美国，跃居世界第一。

新能源汽车已被我国正式列入战略性新兴产业，发展新能源汽车主要体现在两方面：一是发展新型动力电池，二是发展汽车轻量化材料。

发展汽车轻量化材料的主要方向是新型工程塑料、以塑代钢以及纤维复合材料。

现代的汽车设计有安全、舒适、节能和环保4项明确要求。因此减轻结构重量，从而节省燃油、减少尾气排放和环境污染是汽车设计的重要发展方向。为此，世界上的各大汽车公司均在制订和执行汽车的轻结构战略计划。如BMW（宝马）等公司明确提出每车要减重100kg以上的目标，提高燃油效率，CO_2排放减到7.5～12g/km以下，美国进一步提出了30km/L汽油的里程目标。据知，汽车结构每减重10%，燃油消耗可节省7%，大大减少了寿命期内的使用成本。若车体减重20%～30%，每车每年CO_2排放量可减少0.5t。

汽车用复合材料主要以玻璃纤维增强热塑性树脂为主，现已发展到用碳纤维复合材料。20世纪70年代开始，片状模塑料（SMC）的成功开发和机械化模压技术的应用，促使玻璃钢/复合材料在汽车应用中的年增长速度达到25%，形成汽车玻璃钢制品发展的第一个快速发展时期；到20世纪90年代初，随着环保和轻量化、节能等呼声越来越高，以GMT（玻璃纤维毡增强热塑性复合材料）、LFT（长纤维增强热塑性复合材料）为代表的热塑性复合材料得到了迅猛发展，主要用于汽车结构部件的制造，年增长速度达到10%～15%，进入了第二个快速发展时期。

玻璃钢/复合材料汽车零部件主要分为三类：车身部件、结构件及功能件。

① 车身部件：包括车身壳体、车篷硬顶、天窗、车门、散热器护栅板、大灯反光板、前后保险杠等以及车内饰件。这是玻璃钢/复合材料在汽车中应用的主要方向，主要适应车身流线型设计和外观高品质要求的需要，目前开发应用潜力依然巨大。主要以玻璃纤维增强热固性塑料为主，典型成型工艺有：SMC/BMC、RTM和手糊/喷射等。

② 结构件：包括前端支架、保险杠骨架、座椅骨架、地板等，其目的在于提高制件的设计自由度、多功能性和完整性。主要使用高强SMC、GMT、LFT等材料。

③ 功能件：其主要特点是要求耐高温、耐油腐蚀，以发动机及发动机周边部件为主。如：发动机气门罩盖、进气歧管、油底壳、空滤器盖、齿轮室盖、导风罩、进气管护板、风扇叶片、风扇导风圈、加热器盖板、水箱部件、出水口外壳、水泵涡轮、发动机隔声板等。主要工艺材料为：SMC/BMC、RTM、GMT及玻璃纤维增强尼龙等。

图3-6所示为汽车复合材料部件的典型示例。

3.3.3 新能源

风力发电是绿色能源的一种，进入21世纪，在全球的发展可以说是风起云涌。复合材料在新能源发展领域中的应用主要是用来制造风电机组的叶片。

随着风力发电功率的不断提高，捕捉风能的叶片也越做越大，对叶片的要求也越来越高，叶片的材料越轻、强度和刚度越高，叶片抵御载荷的能力就越强，叶片就可以做得越大，它的捕风能力也就越强。因此，轻质高强、耐蚀性好、具有可设计性的复合材料是目前大型风机叶片的首选材料（见图3-7）。

（1）玻璃纤维复合材料风机叶片

玻璃纤维增强聚酯树脂和玻璃纤维增强环氧树脂是目前制造风机叶片的主要材料，主要有E-玻璃纤维。但是，E-玻璃纤维密度较大，随着叶片长度的增加，叶片的重量也越来越大，完全依靠玻璃纤维复合材料作为叶片的材料已经逐渐不能满足叶片发展的需要。例如，玻璃纤维增强聚酯树脂的叶片，当叶片长度为19m时，其质量为1.8t；长度增加到34m时，叶片质量为5.8t；叶片长度达到52m时，则其质量高达21t。因此需要寻找更好的材料以适应大型叶片发展的要求。

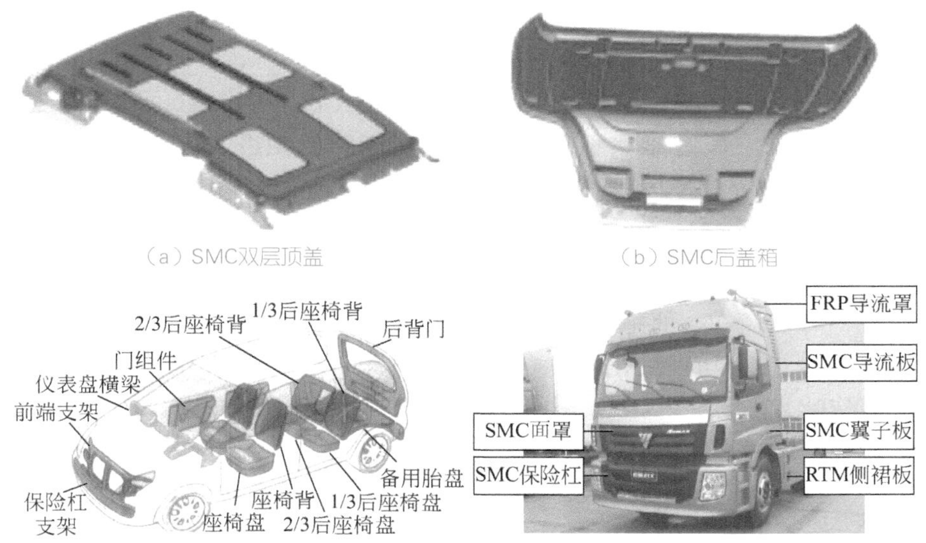

（a）SMC双层顶盖　（b）SMC后盖箱

（c）LFT 汽车部件示例　（d）欧曼ETX重型汽车复合材料应用示例

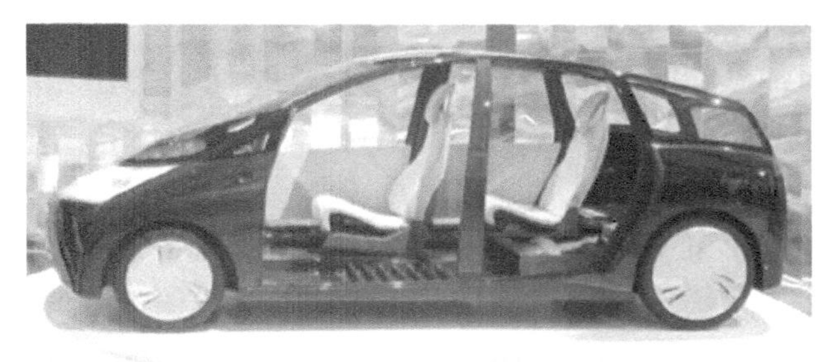

（e）丰田的“1/X”混合动力车CFRP车身骨架

图3-6　汽车复合材料部件的典型示例

（a）

（b）

图3-7　风电机组复合材料叶片

（2）碳纤维复合材料风机叶片

为了提高风能利用率，风力机单机容量不断扩大，兆瓦级风力机已经成为风电市场的主流产品。目前，欧洲3.6MW机组已批量安装，4.2MW、4.5MW和5MW机组也已安装运行；美国已经成功研制出7MW风力机；英国正在研制10MW的巨型风力机。风电机组增大单机容量，对叶片提出了更高的要求，碳纤维比玻璃纤维具有更高的比强度和比刚度，用碳纤维复合材料制造大型叶片势在必行。丹麦Vestas的V-90型风力机容量为3.0MW，叶片长44m；西班牙Gamesa在其直径为90m叶轮的叶片制造中使用了碳纤维；但由于其价格昂贵，因此，全球各大复合材料公司正在从原材料、工艺技术、质量控制等各方面进行深入研究，以求降低成本。美国Zoltek公司生产的PANEX33（48K）大丝素碳纤维具有良好的抗疲劳性能，可使叶片质量减轻40%，叶片成本降低14%，并使整个风力发电装置成本降低4.5%。

（3）碳纤维、轻木、玻璃纤维混杂复合材料风机叶片

由于碳纤维的价格是玻璃纤维的10倍左右，目前叶片增强材料仍以玻璃纤维为主。在制造大型叶片时，采用玻纤、轻木和PVC相结合的方法可以在保证刚度和强度的同时减轻叶片的质量。如LM公司在开发以玻璃钢为主的61m大型叶片时，只在横梁和叶片端部选用少量碳纤维，以配套5MW的风力机。应用碳纤维或碳纤维/玻璃纤维混杂增强的方案，叶片可减重20%～30%。德国Nodex公司为海上5MW风电机组配套研制的碳纤维/玻璃纤维混杂风机叶片长达56m，同时，Nodex公司还开发了43m（9.6t）碳纤维/玻璃纤维叶片，可用于陆上2.5MW机组。目前，碳纤维/玻璃纤维与轻木/PVC混杂使用制造复合材料叶片已被各大叶片公司所采用，轻木/PVC作为夹芯材料，不仅增加了叶片的结构刚度和承受载荷的能力，而且还最大程度地减轻了叶片的质量，为叶片向长且轻的方向发展提供了有利的条件。

（4）热塑性复合材料叶片

目前使用的风电叶片都是由热固性复合材料制造的，很难自然降解。其废弃物一般采用填埋、燃烧利用其热能或粉碎后作填料等方法处理。面对日益突出的复合材料废弃物对环境造成危害的问题，一些风电叶片制造商开始研究制造热塑性复合材料叶片——“绿色叶片”。

与热固性复合材料相比，热塑性复合材料具有可回收利用、质量轻、抗冲击性能好、生产周期短等一系列优异性能。根据有关资料介绍，如果

采用热塑性复合材料叶片，每台大型风力发电机所用的叶片重量可以降低10%，抗冲击性能大幅度提高，制造周期至少缩短1/3，而且可以完全回收和再利用。

但是，使用热塑性复合材料制造叶片的工艺成本较高，成为限制热塑性复合材料用于风力发电叶片的关键问题。因此开发低成本的热塑性复合材料叶片备受关注。随着新型热塑性树脂的开发以及相应的叶片制造工艺技术的发展，新型的热塑性复合材料叶片将逐步得到实际应用。

3.3.4 船舶及海洋工程

复合材料在船舶及海洋工程应用的优势主要在于：一是高比强度、高比刚度，能大幅降低船体重量；二是耐腐蚀、抗疲劳。木材长期浸泡在水中会腐烂，钢铁经海水腐蚀要生锈，而复合材料可耐酸、耐碱、耐海水侵蚀，水生物也难以附生，大大提高了使用寿命；三是成型方便，建造工艺简单，建造周期短；最后是透波、透声性好，无磁性，介电性能优良，适宜作舰艇的功能结构材料。例如船艇依靠声纳在海上定位、测距、发现目标，作为声纳设备保护装置的声纳导流罩，其材料要求透声透波性好，声波的失真畸变小，具有一定刚度和强度，必须采用复合材料。

纤维复合材料是船舶的主要品种。基体可以是热塑性树脂（如尼龙等）或热固性树脂（如不饱和聚酯、环氧树脂等)。增强纤维则有玻璃纤维(GF)、碳纤维（CF)、有机纤维等。

复合材料舰船上的应用发展很快，被广泛用作各种船体、内装上层建筑、桅杆、舱壁、舵、推进器轴以及潜艇的表面、升降装置、推进器等。

例如，美国20世纪80年代末建造的MHC-1级猎/扫雷艇，90年代初建成的玻璃钢沿海猎雷艇“Osprey”号，艇体均采用玻璃纤维增强的聚酯树脂，并以预浸工艺制造。同时期建造的长14.3m、航速达60节的巡逻艇，采用了凯芙拉增强的聚酯树脂单壳结构。美国“佩丽”号驱逐舰用凯芙拉装甲，效果良好；美国洛杉矶级核潜艇声纳导流罩长7.6m，最大直径8.1m，均采用先进复合材料制造，性能优良。

欧洲的复合材料船舰工业也十分发达。自20世纪60年代中期，英国先后建成了450t级和625t级的大型玻璃钢扫雷艇和猎雷艇后，在欧洲掀起了用玻璃钢制造猎扫雷艇的热潮。20世纪90年代，英国在船舰中采用了更多的先进复合材料，如用碳纤维/玻璃纤维混杂纤维建造的“亚宾吉-21”号摩托艇，刚度提高，减重30%；长9m的“施培正”号巡逻艇采用凯芙拉49取代玻璃钢艇壳，减重20%，航速提高1.7节。瑞典在1974年建成了第一艘以PVC泡沫塑料为芯材的玻璃钢夹层结构扫雷艇“Viksten”号，至20世纪90年代初已建成7艘大型（M80型）Landsort级夹层结构猎扫雷艇，此外还利用夹层结构技术建造了多艘大型TV171、TV172和CG27型海岸巡逻艇，特别是1991年研制成功了世界上第一艘复合材料隐形试验艇“Smyge”号，该艇采用碳纤维与玻璃纤维混杂复合材料技术和PVC泡沫夹心结构建造。提高了速度和隐形性，集先进复合材料技术、夹层结构技术、隐身技术及双体气垫技术于一身，堪称当代世界高科技舰船（见图3-8）。

（a）瑞典研制的复合材料隐身轻型护卫舰

（b）英国开发的全玻璃钢游艇

图3-8　外国研发的当代高科技舰船

3.3.5　建筑及其他

建筑工业中使用树脂基复合材料对减轻建筑物自重，提高建筑物的使用功能，改革建筑设计，加速施工进度，降低工程造价，提高经济效益等都十分有利。

树脂基复合材料的性能可根据使用要求进行设计，如要求耐水、防腐、高强等。对于大型结构和形状复杂的建筑制品，能够一次成型制造，提高建筑结构的整体性，其优点主要有以下几方面。

① 力学性能好。选用不同的材料，进行优化设计，可以获得性能优异的复合材料。在制造过程中，可以根据构件受力状况局部加强，既可提高结构的承载能力，又能节约材料，减轻自重。

② 装饰性好。树脂基复合材料的表面光洁，可以配制成各种鲜艳的色彩，也可以制造出不同的花纹和图案，适宜制造各种装饰板、大型浮雕及工艺美术雕塑等。

③ 透光性。透明玻璃钢的透光率达85%以上。用于建筑工程时可以将结构、围护及采光三者综合设计，能够达到简化采光设计，降低工程造价之目的。

④ 隔热性。树脂基复合材料的夹层结构的热导率为0.05～0.08W/(m·K)，比普通红砖小10倍，比混凝土小20多倍。

⑤ 隔声性。树脂基复合材料有消逝振动声波及传播声波的作用，经过专门设计的夹层结构，可达到既隔声又隔热的双层效果。

⑥ 电性能。玻璃钢具有良好的绝缘性能，不受电磁波作用，不反射无线电波。通过设计，可使其在很宽的频段内都具有良好的透微波性能。

⑦ 耐化学腐蚀。玻璃钢有很好的抗微生物作用和耐酸、碱、有机溶剂及海水腐蚀作用的能力，特别适用于化工建筑、地下建筑及水工建筑等工程。

⑧ 透水和吸水性。玻璃钢吸湿性很低，不透水，可以用于建筑工程中的防水、给水及排水等工程。

复合材料建筑结构品种繁多，应用广泛，包括承载结构，如柱、桁架、梁、承重折板、屋面板、楼板等；围护结构，包括波纹板、夹层结构板、外墙板、隔墙板、防腐楼板、屋顶结构、遮阳板、天花板等；采光制品，如透明波形板、半透明夹层结构板、整体式和组装式采光罩（厂房、农业温室及公用建筑天窗、屋顶及墙面采光）；门窗装饰材料，如门窗拉挤型材，装饰板（平板、浮雕板、复合板）；采暖通风材料，如冷却塔、管道、栅板、风机、叶片及整体成型制品，中央空调的通风橱、送风管、排气管、防腐风机罩等。

复合材料在基建中的另一种应用是建筑结构的补强加固，自20世纪90年代开始，北美和欧洲一些国家将碳纤维复合材料用于建筑结构的修补与加固，与传统的钢板螺栓加固相比，碳纤维复合材料加固具有施工简单、易操作、适用性强、无需专用设备、外形美观等优点。尽管碳纤维复合材料价格要比钢板贵，但考虑人力、设备、时间、施工条件、能耗等综合因素，碳纤维的补强加固仍具有发展前景。研究表明，在混凝土横梁上贴上一层碳纤维复合材料，梁的弯曲强度可提高15%～18%，贴上3～4层，弯曲强度可提高40%，这是混凝土梁可以补强的上限值，再增加复合材料的层数已无实际意义。这种加固方式可适用于许多场合，如室内天花板、公路桥梁、隧道、地下室顶板等，图3-9所示为用碳纤维复合材料进行高速公路立柱的修补和加固。

图3-9　用碳纤维复合材料对高速公路的立柱加固

除上述几个领域外，复合材料在机械、电气、石化、体育及休闲器材等方面也得到越来越广泛的应用，如用碳纤维复合材料代替铝合金制作复合导线的芯线，具有更轻和更耐用的特点。其他如体育休闲用品中使用的复合材料例如自行车、鱼竿、高尔夫球杆、网球拍等都有了几十年的发展历史，市场也在不断扩大。

第4章

先进树脂基复合材料

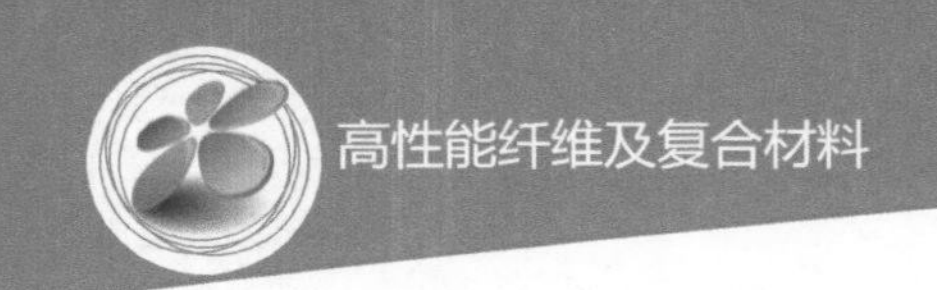

如第3章所述，复合材料按基体材料可分为金属基、陶瓷基和树脂基三大类。其中树脂基是开发最早、应用最多、技术最成熟，而且也是目前最具发展前景的一种复合材料。

树脂基体是一种合成高分子化合物材料，一般而言，能用作工程材料的塑料都可用作复合材料基体，所以树脂基复合材料也称增强塑料。但对于高性能的复合材料而言，特别是用于航空航天及其他高端应用的复合材料，则要求用高性能的树脂作基体材料。

高性能树脂基体分热固性和热塑性两种，热固性基体是主流，主要有环氧、双马来酰亚胺、聚酰亚胺、聚酯、酚醛、异氰酸酯等。目前作为轻质高效结构材料应用的高性能树脂基体主要有三大类，即：130℃以下长期使用的环氧树脂体系、150～220℃长期使用的双马来酰亚胺树脂体系和260℃以上使用的聚酰亚胺树脂体系。

高性能热塑性基体主要是一些半结晶型的新型热塑性树脂，如聚醚醚酮（PEEK）、聚醚酮（PEK）、聚苯硫醚（PPS）、聚醚酰亚胺（PEI）等。

树脂基体是构成复合材料的一个基本组分材料，作用是将增强纤维固结在一起，并在其中传递载荷。增强纤维只有通过基体紧密地固结后，其优异的力学性能才能充分发挥，因此树脂基体的性能直接决定了复合材料的使用性能。另外，树脂基体的工艺性能也决定了复合材料的加工质量和成本。树脂基体的物理性能和化学性能，如热性能、电性能、尺寸稳定性、抗腐蚀、抗环境老化等对复合材料的综合性能也非常重要。

高性能复合材料的研发，对树脂基体性能的要求越来越严格。一般而言，理想的基体应具备的条件是：

① 在所需要的使用温度、时间内和给定环境下有良好的力学性能；

② 容易制成预浸料并有较长的贮存期；

③ 工艺上容易操作和控制质量；

④ 基体在加工过程中无挥发物，固化后孔隙少；

⑤ 性能满足较高温度下的长期使用要求；

⑥ 有可以接受的价格。

树脂基体的选择主要基于以下几方面的考虑。

（1）力学性能

树脂基体的力学性能主要包括拉伸强度和模量、断裂伸长率、弯曲强度与模量、冲击强度与表面硬度等，这些性能从材料本身而言与材料化学成分和分子结构有关，从成型技术而言，与固化工艺条件与成型质量有关。树脂基体还有另一个重要的力学行为特征，即黏弹性，即树脂基体对外加载荷的响应呈固体和弹性体的双重特性，而且会随着使用过程中温度和时间的变化而发生改变，对复合材料而言，树脂黏弹性也必须考虑，它会导致复合材料在使用过程中出现蠕变和应力松弛。

几种主要高性能树脂基体的力学性能见表4-1。

表4-1 几种主要高性能树脂基体的力学性能

树脂基体	拉伸强度/MPa	弯曲强度/GPa	弯曲模量/GPa
环氧（EP）	85	50	3.3
双马来酰亚胺（BMI）	84	45	3.3
聚醚醚酮（PEEK）	99	145	3.8
聚醚酰亚胺（PEI）	107	148	3.4
聚酰亚胺（PI）	75	40	3.5

除上述性能外，对用作航空航天结构的树脂基复合材料而言，还有一个值得关注的性能就是树脂的韧性，增韧的树脂可改善复合材料的断裂韧性和疲劳性能，在一定损伤下保持较高的剩余强度，提高飞机结构的使用安全性。

（2）热性能

除力学性能外，耐热性是树脂基体必须考虑的另一个重要性能指标，它直接决定了复合材料的最高使用温度。用于航空结构的高端复合材料，除轻质高强外，还有耐热性的要求。飞机的飞行速度越快，对材料的耐热要求也就越高。对复合材料而言，这主要取决于所选用的树脂基体。

影响耐热性的主要因素是树脂本身的化学成分和分子结构，这两者是互相紧密联系的。目前提高耐热性的主要途径一是提高分子的交联密度。如对环氧体系，开发多官能团环氧树脂，除三官能团环氧、四官能团环氧外，又研究出了八官能团环氧。二是在树脂分子结构中引入萘环、芳香环、杂环等耐热骨架。三是混合其他耐热树脂，例如在环氧中混入酰亚胺树脂或双马来酰亚胺，或加入热塑性耐高温树脂（如PEEK等）。四是提高热塑性树脂的结晶度。最后是从固化工艺着手，如选择性能更好的固化剂，或进行后固化处理，提高固化度，达到完全固化。

代表树脂耐热性的主要参数是玻璃化转变温度和热分解温度，玻璃化转变温度是树脂从玻璃态转变成弹性态的温度，在这一温度下，树脂开始变成弹性态，从而降低甚至失去了对纤维的约束力，承载能力迅速下降。热分解温度是指树脂的分子结构开始发生裂解的温度，此时，复合材料开始破坏，并伴有裂解的低分子段放出。树脂耐热性的表征主要用热分析方法，包括差热分析（DTA）、动态扫描量热法（DSC）、热重分析法（TGA）。对有些高固化交联度的树脂基体，用DTA或DSC有时很难测出玻璃化转变温度，则可用动态机械分析法（DMA），DMA还可测试复合材料的黏弹性。

（3）电性能

树脂的电性能主要包括介电性能和电击穿强度。介电性能是指树脂在电场作用下表现出来的对静电能的储蓄和损耗的性质，通常用介电常数和介质损耗来表示。电击穿强度是指材料承受高频电压作用的能力，它们都代表了材料的电绝缘性能。

电绝缘性能是复合材料用于电气、电子领域时必须考虑的问题，从材料本身来讲，影响电性能的因素主要是化学成分和分子结构，如分子极性、极性基团位置、交联、取向、结晶、支化等。

（4）耐环境性

树脂的耐环境性主要是指吸水性、抗老化、抗氧化、抗电磁辐射等，其中吸水性非常重要。

各种树脂都有不同程度的吸水性，水汽进入基体后，会产生一种增塑作用，使固化交联的分子链段出现松弛，从而使强度下降。研究表明，某些环氧树脂固化后最高吸水率可达1%～3%，强度下降可达10%～15%。特别是在较高温度下，吸入的水分或湿气对复合材料的性能影响更大，因此，对复合材料湿热性能的研究也是一个重要课题。

吸水性与树脂的成分和分子结构有关，也与固化程度有关，有的环氧树脂在高的交联密度下吸水率反而高。

下面将分别介绍用于高性能结构复合材料的几种高性能的树脂基体。

4.1 环氧树脂基复合材料

环氧树脂基复合材料是用高性能的环氧树脂基体与高性能的增强体复合而成的一类新型材料，增强体主要是纤维，特别是碳纤维。这是一种最早开发并用于飞机结构制造的复合材料，至今仍在复合材料技术中占有重要地位，应用范围不断扩大，新品种不断开发，研究工作也在不断深入。

经过了多年的使用验证，环氧树脂基体以其综合性能优异、工艺性好、价格低等诸多优点，在马赫数1.5以下的飞机上得到广泛应用。以A-380和波音-787飞机为例，复合材料分别占飞机结构重量的25%和50%，其中，复合材料结构基本为环氧树脂基复合材料。

对飞机结构复合材料而言，最高使用温度是一个关键的性能指标，它主要取决于所用树脂基体的耐热性能，用作飞机结构的环氧树脂复合材料，目前分中温型和高温型，中温型的最高服役温度为80～120℃，而高温型为120～150℃或更高。

近年来，针对环氧树脂基体韧性不足、耐湿热性较差的问题，开展了多方面的改性研究，新的品种不断得到开发，使用经验在不断积累，经过几十年的发展，环氧复合材料技术上已趋于成熟。在各种军用飞机和通用飞机制造中得到越来越多的应用。

4.1.1 环氧树脂

环氧树脂（epoxy resin）是指分子结构中含有2个或2个以上环氧基并能与某些化学试剂发生反应形成三维网状交联分子结构的高分子材料。这种由线性的大分子结构变成立体的网状分子交联结构的过程称为固化，环氧树脂的固化，通常需要借助于一种叫固化剂的化学物质的作用，有时还需要加热。经固化后，树脂由黏流状态转变成坚实的固体状态，同时伴有热量放出，因此环氧树脂的固化反应是放热反应，这一特性成为表征和研究环氧树脂的分子结构、固化行为以至最终性能的重要依据。有多种方法可以进行这方面的研究，其中用得最多的是热分析方法。

环氧树脂是一类重要的热固性树脂，与酚醛树脂及不饱和聚酯树脂并称为三大通用型热固性树脂。但环氧树脂性能最好，用得最多。与其他热固性树脂相比较，环氧树脂的种类和牌号最多，性能各异。环氧树脂固化剂的种类更多，再加上众多的促进剂、改性剂、添加剂等，可以进行多种多样的组合和组配，从而能获得各种各样性能优异的、各具特色的环氧固化物材料，几乎能适应和满足各种不同使用性能和工艺性能的要求。

用高性能环氧树脂为基体，与高性能的纤维增强体复合，能得到性能非常优异的复合材料，在航空航天等高端领域中得到大量应用，现在还在不断地发展。

(1) 环氧树脂及其固化物的性能特点

① 力学性能高。环氧树脂具有很强的内聚力，分子结构致密，所以它的力学性能高于酚醛树脂和不饱和聚酯等通用型热固性树脂。

② 粘接强度高。环氧树脂固化体系中活性极大的环氧基、羟基以及醚键、胺键、酯键等极性基团赋予了环氧固化物对各种固体材料都有极高的粘接强度。

③ 固化收缩率小，固化物的尺寸稳定性好。一般为1%～2%，是热固性树脂中固化收缩率较小的品种之一（酚醛树脂为8%～10%；不饱和聚酯树脂为4%～6%；有机硅树脂为4%～8%)。线胀系数也很小，一般为6×10^{-5}℃$^{-1}$。所以其产品尺寸稳定，内应力小，不易开裂。

④ 工艺性好，适用于各种工艺。环氧树脂固化时基本上不产生低分子挥发物，所以可低压成型或接触压成型。配方设计的灵活性很大，可设计出适合各种工艺性能要求的配方，用于浇注、模压、浸渍、层压料、黏结剂、涂料等。

⑤ 电性能好。它是热固性树脂中介电性能较好的品种之一。

⑥ 稳定性好。环氧固化物具有优良的化学稳定性。其耐碱、酸、盐等多种介质腐蚀的性能优于其他热固性树脂。

⑦ 有较好的耐热性。一般的环氧固化物能耐热80～120℃。高温型环氧树脂的耐热性可达150℃或更高。

(2) 环氧树脂的应用特点

① 具有极大的配方设计灵活性和多样性。能按不同的使用性能和工艺性能要求，设计出针对性很强的最佳配方。这是环氧树脂应用中的一大特点和优点，也是目前环氧改性研究不断深入，新的高性能环氧品种不断得以开发的原因。

② 应用针对性强。尽管环氧树脂品种繁多，供选择的余地大，但每个配方品种都有一定的使用目的和适用范围，有的是为专门的应用而专门开发的品种，对结构复合材料而言，高温、高强、高模、高韧、耐湿热、工艺性好的环氧基体是发展重点。

③ 成型工艺要求严格。不同配方的环氧树脂固化体系有不同的固化工艺要求，即使相同的配方在不同的固化条件下也会得到性能大不相同产品。对高性能环氧树脂基体，要对其工艺性能进行全面的研究，制定出最佳的

固化成型工艺条件，以保证最终复合材料制件的质量。

④ 脆性较大，耐候性较差，吸水性强。

（3）环氧树脂的分类

环氧树脂品种繁多，其分类方法是以分子化学结构分类。根据环氧基（又称缩水甘油基）相连官能基团化学结构和环氧基相连的化合物结构不同，环氧树脂大致可以分成以下几类：缩水甘油醚型环氧树脂；缩水甘油酯型环氧树脂；缩水甘油胺型环氧树脂；脂环族环氧化合物。

复合材料工业上使用量最大的环氧树脂品种是上述第一类缩水甘油醚类环氧树脂，而其中又以二酚基丙烷型环氧树脂（简称双酚A型环氧树脂）为主。其次是缩水甘油胺类环氧树脂。

改性环氧树脂是按所用的元素和原母体分类，如：元素有机（如硅、磷）环氧树脂、聚氨酯环氧树脂。

① 缩水甘油醚型环氧树脂。这类环氧树脂是由多元酚或多元醇与环氧氯丙烷经缩聚反应而制得的。最具有代表性的是双酚A型二缩水甘油醚（DEGBP-A），占世界环氧树脂总产量的75%以上，它的应用遍及国民经济的整个领域，因此被称为通用型环氧树脂。这类树脂最典型的特点是：

a. 粘接强度高，粘接面广，可粘接除聚烯烃之外的几乎所有材料；

b. 固化收缩率低，小于2%，是热固性树脂中收缩率最小的一种；

c. 稳定性好，未加入固化剂时可放置1年以上不变质；

d. 耐化学药品性好，耐酸碱和多种化学品；

e. 机械强度高，可作结构材料用；

f. 电绝缘性优良，普遍性能超过聚酯树脂。

但它有以下缺点：

a. 耐候性差，在紫外线照射下会降解，造成性能下降；

b. 冲击强度低；

c. 不太耐高温。

② 缩水甘油酯型环氧树脂。该树脂的特点是：黏度低，与常温固化剂反应速度快；与中、高温固化剂配合适用期长，在一定温度时具有高反应性；与酚醛树脂及环氧树脂相容性好。固化物的力学性能与双酚A型环氧树脂大体相同，耐热性低于双酚A型环氧树脂，耐水、酸、碱性不如双酚A型环氧树脂，但有优良的耐候性和耐漏电痕迹性。

③ 缩水甘油胺型环氧树脂。这类环氧树脂由多元胺同环氧氯丙烷反应

脱去氯化氢而制得。

缩水甘油胺固化产物的耐热性、机械强度都超过了双酚A型环氧树脂。它们和二氨基二苯甲烷（DDM）或二氨基二苯砜的组成物对碳纤维有良好的浸润性和粘接强度，这类复合材料主要用于飞机、航天器材的制造。

④ 脂环族环氧化物。脂环族环氧化合物的环氧基直接连在脂环上，它们和酸酐、芳香胺固化后得到的产物具有较高的耐热性、电绝缘性和耐候性，但是固化物性脆，耐冲击性差。有些产品经多元醇醚化后可以改善性能。它的主要用途是作玻璃纤维复合材料。

（4）环氧树脂的固化

环氧树脂的固化关系到复合材料成型工艺的质量控制和最佳化，它最终决定复合材料的性能和质量，因此一直是复合材料技术的一个重要研究课题。

用于环氧树脂的固化剂主要有以下几种。

① 胺类固化剂。胺类固化剂一般都含带有活泼氢原子的氨分子，而活泼氢原子能与环氧树脂的环氧基作用，使环氧基开环并与其中的氧原子化合生成羟基，生成的羟基再与环氧基起醚化反应，最后生成网状或体型聚合物。

胺类固化剂使用比较普遍，其固化速度快，而且黏度也低，使用方便，但产品耐热性不高，介电性能差，并且固化剂本身的毒性较大，易升华。胺类固化剂包括：脂肪族胺类、芳香族胺类和胺的衍生物等，可以根据不同的环氧树脂选用。

② 酸酐类硬化剂。酸酐是由羧酸（分子结构中含有羧基—COOH）与脱水剂一起加热时，两个羧基除去一个水分子而生成的化合物。

酸酐类硬化剂硬化反应速度较缓慢，硬化过程中放热少，使用寿命长，毒性较小，固化后树脂的性能（如力学强度、耐磨性、耐热性及电性能等）均较好。但由于固化后含有酯键，容易受碱的侵蚀并且有吸水性，另外除少数在室温下是液体外，绝大多数是易升华的固体，而且一般要加热固化。

③ 咪唑类固化剂。咪唑类化合物是一种新型固化剂，其固化特点是：

a．用量少（一般为树脂用量的0.5%～10%），挥发性低，毒性小；

b．固化活性较高，中温条件下短时间即可固化；

c．固化物耐热性好，有优异的耐化学性能、电绝缘性能和力学性能。

咪唑类环氧树脂固化剂也存在一些缺点和问题，如，咪唑类化合物多为高熔点的结晶固体粉末，与液态的环氧树脂混合困难，工艺性能较差；品种较少，不能满足特殊的施工工艺以及对固化物的某些特定要求；固化活性较高，因此与环氧树脂混合后适用期较短，不能作为单组分体系较长时间贮存。

为了克服这些缺点和不足，对咪唑化合物进行改性，合成新型咪唑化合物，是解决上述问题的有效途径。

4.1.2 环氧树脂基复合材料改性

环氧树脂具有优良的综合性能，包括粘接强度高、固化收缩率小、尺寸稳定性好以及优异的电绝缘性能，是一种较理想的复合材料基体。但是，由于固化后的分子交联密度高、内应力大，因而存在质脆、耐疲劳性及抗冲击韧性差等缺点，对于航空结构复合材料，环氧树脂的增韧改性一直是重要的研究课题。

早期采用橡胶弹性体增韧环氧树脂，如端羧基丁腈橡胶、聚硫橡胶等，可有效改善固化树脂的韧性，但却降低了树脂的耐热性和模量。近年来，一些新的改性技术得到发展，包括热敏液晶聚合物增韧、热塑性树脂互穿网络增韧以及纳米粒子增韧等。

（1）热敏液晶聚合物增韧

利用热敏液晶聚合物改性环氧树脂，既可显著提高环氧树脂的韧性，同时又改善了体系的强度和耐热性，近年来得到较多的研究。

液晶属于特殊的高性能热塑性聚合物，当其加入到环氧树脂体系中时明显改善环氧树脂连续相的性质，有利于在应力作用下产生剪切滑移带和微裂纹，使裂纹端应力集中得到松弛，阻碍裂缝扩展。研究结果表明，在热敏液晶（TLCP）/环氧树脂共混体系中，控制液晶的形态对提高环氧固化物的力学性能非常关键。

（2）热塑性树脂增韧

热塑性树脂增韧是应用得较多的一种方法。常用的热塑性树脂有聚醚醚酮、聚砜、聚碳酸酯等耐热性较好、力学性能高的树脂。热塑性树脂增韧机理可用桥联和裂纹钉锚模型来描述。

① 桥联约束效应。热塑性树脂往往具有与环氧树脂相当的弹性模量和远大于环氧树脂的断裂伸长率，这使得桥联在已开裂的脆性环氧树脂基体表面的延性塑性颗粒，对裂纹扩展起约束闭合作用。

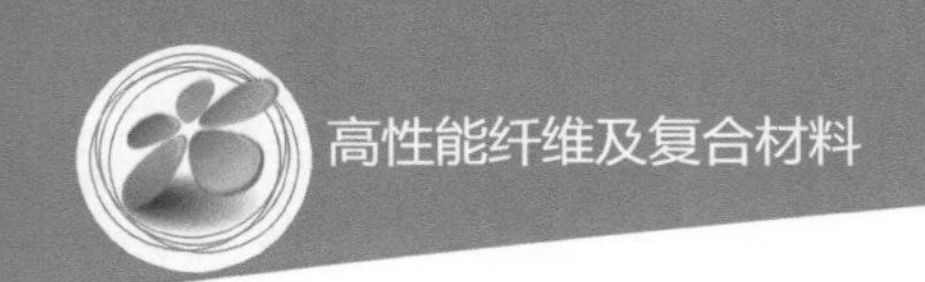

② 裂纹钉锚。颗粒桥联不仅对裂纹前缘的整体推进起约束作用，分布的桥联力还对桥联点处的裂纹起钉锚作用，从而使裂纹前缘呈波浪形拱出。

热塑性树脂的增韧效果虽然比橡胶增韧效果差，但如果选择合适的树脂，则可在改善韧性的同时，对环氧的模量和玻璃化温度影响较小。

热塑性树脂还可与环氧树脂形成半互穿网络结构，这两种组分互相贯穿，相互融合，从而改善环氧树脂固化产物的韧性。如热塑性的聚氨酯（PU）与环氧树脂（EP）混合固化，脆性的环氧树脂网络与弹性的PU分子链互穿，缠结在一起，这样形成的弹性互穿网络起到了分散应力与应变的作用，而阻止了环氧树脂受力后裂纹的扩展，提高了拉伸强度和断裂伸长率。

（3）纳米粒子增韧

纳米复合材料是指两种或两种以上的固相材料中至少有一相是纳米量级的材料。纳米复合材料因其独特的尺寸效应、体积效应、量子效应而表现出常规材料所不具备的优异性能和特殊性能。纳米复合材料的研制已成为当今材料学科的一大研究热点。

4.1.3 环氧树脂基复合材料的应用

环氧树脂基复合材料目前仍是航空结构中用得最多的一种复合材料，主要是玻璃纤维增强的环氧树脂复合材料和碳纤维增强的环氧树脂复合材料。

玻璃纤维/环氧树脂复合材料是开发得最早，目前还在广泛应用的一种复合材料，具有质量轻、强度高、模量大、耐腐蚀性好、电性能优异、原料来源广泛、工艺性好、加工成型简便、成本低等特点。除在航空领域用于飞机雷达罩、预警机雷达罩、直升机机翼外，还可用于防弹头盔、防弹服、高压容器、体育器材以及机械、化工、建筑、海洋工程。

碳纤维/环氧复合材料具有较高的比强度、比模量、耐疲劳强度以及耐烧蚀性能好等一系列优点。它还具有密度小、热膨胀系数小、耐腐蚀和抗蠕变性能优异及整体性好等特点，是最先被开发用于飞机结构制造的先进复合材料。与铝合金结构件相比，碳纤维复合材料减重效果可达20%～40%。目前军机上复合材料的用量已达结构重量的30%左右，占到机体表面积的80%。航天工业中除烧蚀复合材料外，高性能环氧复合材料应用也很广泛。如三叉戟导弹仪器舱锥体采用碳纤维/环氧复合材料后减重25%～30%，节省工时50%左右。美国卫星和飞行器上的天线、天线支架、太阳能电池框架和微波滤波器等均采用碳纤维/环氧复合材料定型生产，国际通信卫星上采用碳纤维/环氧复合材料制作天线支撑结构和大型空间结构。

在民用飞机上，碳纤维/环氧复合材料也得到快速发展，波音和空客在复合材料应用方面展开了竞争，如波音推出的B-787“梦想飞机”，复合材料占全部结构重量的50%；而空客的巨无霸A-380飞机，复合材料用量达25%，在计划中的A-350飞机上将复合材料的用量提高到了52%，以形成与波音-787飞机的竞争。A-350飞机将在中央翼盒、外翼盒、垂尾、平尾、机身壁板、机身后承压隔框、龙骨梁等结构上大量采用碳纤维复合材料（见图4-1）。

（a）机身段　（b）机翼　（c）发动机风扇叶

图4-1　环氧树脂复合材料航空结构

当前纤维增强环氧树脂基复合材料的总体发展趋势是高性能化、结构和功能一体化、智能化以及低成本化。

4.2 双马来酰亚胺树脂基复合材料

为了满足高性能军用飞机对复合材料更高的耐热性要求，于20世纪80年代继环氧树脂基复合材料之后开发出了新型的双马来酰亚胺树脂基复合材料。

在现代航空工业的发展进程中，飞行器主承力结构件和热端部件需要具备更高的耐热性是必然趋势，对结构复合材料而言，高性能树脂基体的开发就变得越来越重要。双马来酰亚胺树脂正是在这种前提下被推广到航空先进复合材料的应用之中的。

双马来酰亚胺树脂的三大特点是：出色的耐高温性能、相对适中的价格（位于聚酰亚胺和环氧树脂中间），以及与环氧树脂具有接近的固化特性。因而成为军用飞机选择的热门材料，并且已经用于第五代飞机部件的制造，例如，洛克希德马丁出产的F-22猛禽（Raptor）隐形战斗机和F-35闪电（Lightning）-Ⅱ联合攻击战斗机。其中F-22猛禽战斗机在其飞行服役期间提供了大量关于双马来酰亚胺树脂的技术数据，比如，双马来酰亚胺树脂复合材料能降低25%的机身重量，与环氧树脂复合材料在F-22机身上的应用比例几乎相当。F-22猛禽战斗机中所采用的双马来酰亚胺树脂复合材料制件，包括内翼肋、桁条和“T”形及“Ⅰ”形横梁，都是通过树脂传递模塑工艺（RTM）加工成型的。

在联合攻击战机F-35身上，自动纤维铺放技术制备的碳纤维/环氧树脂和碳纤维/双马来酰亚胺复合材料部件的构成比例高达35%，其中新采用的CYCOM 5250-4HT双马来酰亚胺树脂的玻璃化转变温度（T_g）高达343℃。

用于F-35战斗机的碳纤维/双马来酰亚胺树脂预浸料都是通过热压罐固化成型的。一些较小的部件采用手糊成型，另外一些较大的部件，如机翼的上下蒙皮和发动机机舱罩，则是使用自动铺丝技术（automatic fiber placement-AFP）。

现在，双马来酰亚胺树脂基复合材料已开始从航空应用扩大到其他工业部门，如机械、电子、电气、交通等。

4.2.1 双马来酰亚胺树脂基体

双马来酰亚胺树脂（BMI），简称双马树脂，是为了满足高性能飞机对结构材料更高的耐温性能要求而发展起来的一种新型热固性树脂。

高性能军用飞机对复合材料树脂基体的基本要求是：

① 能满足常规条件下的机动性和失速条件下的可控性所必须具有的强度和刚度；

② 良好的耐湿热性能，在较高温度（120～150℃）的湿热条件下保持较高的强度、刚度；

③ 良好的抗损伤能力，即使在受到低能量损伤后，结构仍有足够的剩余强度；

④ 优越的工艺性，适合大型构件与复杂型面构件的制造，确保复合材料结构的高的成品率；

⑤ 尽可能降低材料的费用，进而降低复合材料结构总成本。

对目前大量使用的环氧树脂而言，最高工作温度一般在120～150℃。

对于高性能飞机较高的使用温度要求（180℃以上）已成为一道难以逾越的障碍，因而对新型的性能优良的耐高温树脂的开发势在必行。聚酰亚胺树脂（PI）虽有卓越的耐热性，但苛刻的工艺条件限制了它的推广应用。而居于环氧树脂与聚酰亚胺之间的加成型聚酰亚胺－双马来酰亚胺，既有接近聚酰亚胺的耐热性，又基本保留了环氧树脂的成型工艺性，因而得到重要的关注。自1980年以来纷纷将它从耐热绝缘材料的应用范围推广到先进复合材料的基体树脂。

双马来酞亚胺的主要性能如下。

① 耐热性。双马树脂的玻璃化转变温度（T_g）一般大于250℃，使用温度范围为180～230℃。脂肪族的双马树脂中乙二胺是最稳定的，热分解温度（T_d）达420℃。芳香族双马树脂的热分解温度一般都高于脂肪族双马树脂，有的可达450℃。

② 溶解性。常用的BMI单体不能溶于普通有机溶剂，如丙酮、乙醇、氯仿中，只能溶于二甲基甲酰胺（DMF）、*N*-甲基吡咯烷酮（NMP）等强极性、毒性大、价格高的溶剂中。这是由BMI的分子极性以及结构的对称性所决定的，因此如何改善BMI的溶解性是改性的一个重要内容。

③ 力学性能。双马树脂的固化反应属于加成型聚合反应，成型过程中无低分子副产物放出，且容易控制。固化物结构致密，缺陷少，因而具有较高的强度和模量。但是由于固化物的交联密度高、分子链刚性强而呈现出极大的脆性。它的抗冲击强度差、断裂伸长率小、断裂韧性低（$<5J/m^2$）。而韧性差正是阻碍双马树脂适应高技术要求、扩大新应用领域的重大障碍，所以如何提高韧性就成为决定双马树脂应用及发展的技术关键之一。此外，BMI还具有优良的电性能、耐化学性能及耐辐射性能等。

4.2.2 双马来酰亚胺树脂的改性

双马来酰亚胺树脂虽然有优良的力学性能和耐热性，但未经改性的树脂熔点较高，需高温固化。固化产物交联密度较高，脆性较大，因此要作为高性能树脂基体使用，必须进行改性。双马树脂的改性主要从以下几方面进行。一是工艺性能改进，二是提高固化物的韧性，三是降低成本。也有一些研究工作探索了将双马来酰亚胺改性为功能材料，进一步扩大其应用范围。

（1）工艺改性

虽然双马来酰亚胺树脂具有相对较好的成型加工性能，但仍需作进一步的改性以满足新技术发展的需要。BMI多为结晶性固体，其熔点随二氨的结构不同而不同，芳香族BMI熔点较高。熔点高和溶解性能差使BMI的加工难于环氧树脂等。通常双马来酰亚胺树脂的固化反应温度在220～250℃之间，固化时间加上后处理时间需要8～24h。高温后处理要求成型设备、模具等具有更高的耐热性，增加了制造成本。另外，高温处理会引起制件的内应力增加，可能导致出现微裂纹，影响制件综合性能。因此工艺改性显得非常重要，而且工艺改性还可以弥补增韧改性的部分不足。工艺改性主要通过降低熔融温度和固化温度来实现。

降低固化和后处理温度的主要方法是采用热塑性单体如烯丙基类单体和二烯丙基类单体与BMI单体共聚，形成熔点低的共聚物。有些研究工作表明，BMI和二烯丙基类单体的预聚物具有较低的熔点（40～50℃），其固化物具有高的韧性和耐热性，但熔体的黏度较高。加入第三种共聚单体即烯丙基甲酚单体作为活性稀释剂，可以降低熔体黏度。

但这些方法往往导致聚合物耐热性降低，因此，如何在降低熔点、改进应用工艺性能的同时，最大限度地保持双马来酰亚胺固化树脂的耐热性能，是改性研究的技术关键。

（2）固化物增韧改性

BMI分子链由于芳环和酰亚胺环的存在而表现为刚性链，具有较高的耐热性、较低的热膨胀系数及较高的弯曲强度和模量。但这种刚性链结构也导致树脂具有脆性大、易断裂的缺点。增韧改性即通过分子结构的改变或形态控制来实现BMI韧性的提高。常用方法主要有两种：一是加入二元胺扩链后加入环氧树脂、橡胶等共聚；二是与双烯类化合物共聚，可极大地改进BMI的工艺性能。从分子结构方面进行增韧的途径有两条：一是降低链的刚性，如引入柔性链节，降低芳环或芳杂环的密度等；二是降低固化物的交联密度。

4.2.3 双马来酰亚胺树脂基复合材料的应用

以碳纤维增强的双马树脂基复合材料由于具有优异的耐热性和力学性能，目前主要用于高性能军用飞机和航天器结构件，如美国F-22战斗机的机翼蒙皮、尾翼、垂尾、机身、各种肋、梁及水平安定面等均采用高韧性双马树脂基复合材料制造。在航天领域，碳纤维增强的双马树脂复合材料可用于固体火箭发动机壳体，能承受200℃以上的高温。

4.3 聚酰亚胺树脂基复合材料

发展轻质、高强的结构材料是现代航空技术的一个重要方面，有资料报道，发动机减轻1lb重量，可使飞机减重10～20lb，为进一步改善航空发动机性能，有效地提高发动机推重比，国外在航空发动机上越来越多地采用耐高温复合材料取代金属材料，如钛合金，以有效减轻发动机重量，降低燃料消耗，增加航程。

对于目前用得最多的环氧树脂基复合材料而言，其长期使用温度被限制在120～150℃，远不能满足航空发动机部件的使用要求。

热固性聚酰亚胺基碳纤维增强复合材料的突出优点是耐高温，长期使用温度达300～350℃或更高，高温下具有突出的力学性能，无明显熔点，具备高绝缘性能，近年来在航天、航空领域得到了广泛的应用。

在过去几十年中，耐高温聚酰亚胺复合材料主要用于先进军用航空发动机，因此研究工作集中在如何提高耐温聚酰亚胺复合材料的性能，扩大在发动机上的应用，尽可能降低发动机重量。如要使耐高温聚酰亚胺在民用航空发动机上得到应用，还必须考虑复合材料制件的费用及它长期工作的可靠性和可维修性。

4.3.1 PMR聚酰亚胺树脂基体

热固性聚酰亚胺根据其活性封端基可分成：PMR聚酰亚胺、乙炔封端聚酰亚胺、双马来酰亚胺以及氰基封端的聚酰亚胺等，目前用于航空发动机的主要是PMR聚酰亚胺树脂及其复合材料。

聚酰亚胺有良好的工艺性以及优良的耐热氧化稳定性和综合力学性能，是一种最为常用的聚酰亚胺复合材料基体。20世纪70年代，由美国NASA路易斯研究中心发展了现场单体聚合的聚酰亚胺制备技术，极大地改善了聚酰亚胺的成型工艺。由这种方法制备的聚酰亚胺称为PMR 聚酰亚胺。

PMR制备复合材料技术包括将封端基/芳香二胺/芳香二酸酐衍生物按一定摩尔比例溶于低沸点溶剂获得PMR聚酰亚胺溶液，再湿法制备预浸料，加热使其发生亚胺化反应，形成PMR聚酰亚胺预聚体，最后加热交联固化得到复合材料（见图4-2）。

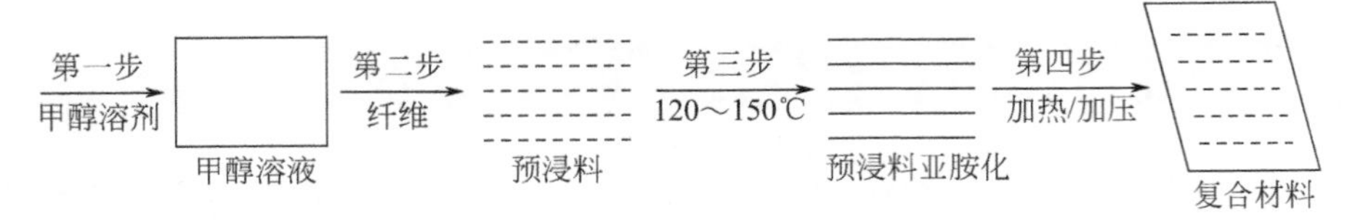

图4-2　PMR聚酰亚胺复合材料制备示意图

PMR合成技术具有三个突出的优点。

① 利用封端剂控制树脂的分子量，可得到黏度小的树脂溶液，有利于浸渍增强纤维以获得高质量的预浸料。

② 树脂溶液使用低沸点的溶剂，该溶剂在树脂熔融交联成型之前几乎全部除去，有利于得到孔隙率低的复合材料。

③ 树脂的熔融交联热固化过程中没有有机小分子产生和挥发物逸出，也有利于制备低孔隙率的致密材料（孔隙率＜1%～1.5%）。

PMR型聚酰亚胺树脂的制备技术很复杂。其中涉及多种关键技术，包括溶剂体系与树脂性能的关系、反应中间体的合成工艺参数控制、树脂分子链的调控及其分子量的分布、树脂贮存稳定性的控制和工艺性能的控制等。

PMR-15聚酰亚胺树脂是第一种高温宇航复合材料树脂，也是目前使用最为广泛的PMR聚酰亚胺。由PMR-15树脂浸渍碳纤维制成的预浸料具有优良的成型加工性能，采用真空热压罐成型或热模压成型得到的树脂基复合材料具有突出的耐热稳定性和抗氧化性能，可在310～320℃的高温条件下长期使用。在过去几十年中已用于制造多种航空发动机零件如吊舱部件、推力矢量板等。但PMR-15制备的复合材料在热循环过程中极易产生微裂纹以及使用有致癌作用的MDA（4,4′-二氨基二苯甲烷），使它的使用范围受到了限制。

为了满足航天、航空和空间技术对耐更高温度材料的迫切需求，在开发成功耐316℃的树脂基复合材料之后，以美国NASA为首的科学家又研制成功了第二代PMR型聚酰亚胺材料——PMR-Ⅱ。这种材料可耐371℃的高温，并具有优良的力学性能。主要品种包括PMR-Ⅱ-30、PMR-Ⅱ-50、CFI-V-CAP-50、CFI-AFR-700B等。第二代PMR型材料主要是含氟的聚酰亚胺材料，通常由4,4′-六氟异丙基双邻苯二甲酸酐（简称六氟酐，6FDA）和对苯二胺（PPDA）反应生成材料的主链结构，然后使用不同的封端基封端形成具有适当分子量的聚合物溶液。这些树脂可热压罐或纤维缠绕成型，在371℃下长期使用，其中CF/V-CAP-50应用于PLT-210压气机机匣，F110

分流环。CF/AFR-700B用于涡轮压气机进气道及F15短距起落验证机多功能喷管的制造等。

4.3.2 PMR树脂及其复合材料增韧改性

PMR 聚酰亚胺被认为存在两大主要缺陷：一是单体之一的二苯甲烷二胺（MDA）被美国 FDA 认为是潜在的致癌物质；二是韧性偏低，耐热疲劳和微裂纹的能力差。因此，PMR 型聚酰亚胺的改性研究一直在进行。目前对PMR 聚酰亚胺树脂及其复合材料进行增韧的途径可归纳为如下三类：

① 通过改变主链分子结构，改善链的柔顺性；

② 聚合物共混增韧改性；

③ 层状化增韧改性。

（1）通过改善主链柔顺性增韧

通过改变主链化学结构，改善链的柔顺性实现增韧的方法，往往与为消除 PMR-15 的单体之一 MDA 的毒性的努力相平行，即新引入主链的一个或几个基团在替代 MDA 的同时，也提高了链的柔顺性。另外，由于链结构的改变也可能同时使两个端基间的链长增大，这样由于交联密度的降低，更强化了增韧效果。用这种方法增韧的最典型的树脂体系是由NASA Langley 研究中心研制的LARC-RP46 以及北京航空材料研究院研制的LP系列树脂。其中LP-15树脂的分子柔顺性大幅提高，使树脂具有了更好的韧性以及抗微开裂性。与 PMR-15 相比，LP-15 的断裂韧性（G_{IC} 值）提高了110%。与此同时，树脂的流动性也得到提高，由此改善了材料的成型工艺性，降低了成型压力。但是由于分子链柔性的提高，以及两端基间分子链的延长而导致树脂交联密度降低，使得树脂的玻璃化转变温度（T_g）降低。如经330℃后处理16h的LP-15 树脂的T_g在325 ～ 335℃的范围内，与PMR-15（339℃）相比有所下降。LP-15的长期使用温度在280℃以下，明显低于PMR-15的316℃。

综上可知，通过在主链结构中引入柔性链段改性 PMR聚酰亚胺树脂，虽然能在一定程度上提高树脂的韧性，但往往会伴随其耐热性的降低。

（2）聚合物共混增韧

聚合物共混物（polymer blends）是指两种或两种以上均聚物或共聚物的混合物。聚合物共混物中各组分之间主要是物理结合。近年来，制备高韧性聚酰亚胺共混物的方法主要是各种聚合物互穿网络（IPN）技术。

互穿网络是指两种聚合物以网络的形式互相贯穿结合，其中至少有一种聚合物是在另外一种聚合物直接存在下进行合成或者既合成又交联。它与化学共聚物不同，构成网络的两组分间不存在化学键。

对于聚酰亚胺，将热塑性聚合物（热塑性聚酰亚胺或其他高性能热塑性聚合物）与热固性聚酰亚胺共混，两者形成半互穿网络（semi-IPN），能有效提高热固性聚酰亚胺树脂的韧性和耐微裂纹性能。

目前用于PMR聚酰亚胺与热塑性聚合物共混增韧的形式主要有：热塑性聚酰亚胺/PMR聚酰亚胺共混和PMR聚酰亚胺/其他高性能热塑性聚合物共混。

① 热塑性聚酰亚胺/PMR聚酰亚胺共混。在semi-IPN的形成过程中，热塑性聚酰亚胺预聚物通过发生缩聚反应而扩链，与此同时，热固性PMR聚酰亚胺预聚物彼此间通过发生加成反应而交联。由于这两类反应在时间上是同步的或稍有错开，因此，两者间就可以形成半互穿网络。这样形成的半互穿网络的特点是热塑性树脂连续地贯穿，缠结于热固性树脂的网络之中，起“强迫包容”和“协同效应”的作用。这种交联网络具有良好的韧性、抗微裂纹性、低吸湿性和优异的耐热氧化稳定性。与第一种改性方法相比，这种改性方法的最大优势在于，由于在热固性树脂的交联网络中，贯穿了热塑性聚合物分子链使得交联网络更密实，因此，在增韧的同时，树脂的耐热性并不降低。利用聚合物半互穿网络增韧的典型聚酰亚胺树脂体系为LaRC-RP40 和LaRC-RP41 系列树脂。它们分别由PMR-15/NR150B2、PMR-15/LaRC-TPI共混固化而成。

② PMR/其他高性能热塑性聚合物共混。PMR聚酰亚胺的增韧还可采用与聚芳醚酮（PEK-C）这类T_g较高的热塑性聚合物共混来实现。通过改变两者间的互溶性和PMR树脂的结晶性得到较高的玻璃化转变温度，改变相尺寸，依靠两相界面之间的强烈作用力，使树脂体系获得良好的韧性。有研究结果表明：纯PMR-15 树脂结构单元小，而且刚性大，因此具有一定的结晶性，当与PEK-C共混以后，PMR-15 树脂的结晶性消失。但是经过高温处理以后，结晶性又表现出来，而且随着高温处理时间的延长，结晶性表现得越来越明显。PEK-C相的引入，明显提高了树脂的冲击强度，随着引入量的增加，韧性提高的幅度也越来越大。

（3）层状化增韧

复合材料层合板发生冲击损伤的主要原因是层间基体的开裂和分层。

提高层间树脂基体的韧性，改善层合板抵抗层间分层的能力，可获得高抗冲材料。传统的整体增韧复合材料层合板在受到冲击载荷作用时，韧性的好坏主要取决于基体的韧性。层状化增韧技术正是基于此原理而衍生出来的一类有针对性的增韧方法。

在离位层状化增韧中，体系的初始状态使相间的热固本体和纯粹的热塑增韧树脂层，两者有截然分开的界面。随着固化反应的进行，热固性成分向热塑性区域内部扩散，在热塑性层内形成一个浓度梯度。由于热塑性成分的扩散能力有限，基体中有相当一部分仍然是纯粹的热固性基体，于是形成了一种周期性的层状结构：在平行于各层的平面内，树脂相结构是均匀的，而沿着垂直于各层的方向前进，则周期性地进入以热固性树脂为连续相/以热塑性树脂为连续相的区域，这就是层状化增韧方法的由来。将增强纤维加入树脂基体中，让纤维处于纯热固性基体区域，而将热塑性树脂连续相的区域留在层间，是层状化增韧的一种理想结构。

目前，在层状化增韧方面研究得最为突出的是北京航空材料研究院研制的LP-15系列树脂基复合材料。其制备方法是首先采用一定的工艺将增韧用热塑性树脂制备成一定厚度的薄膜，然后在预浸料铺层过程中将热塑性树脂薄膜引入到层间，再采用一定成型工艺共固化后获得层状化增韧材料。也可将热塑性树脂颗粒均匀地引入到预浸料表面，然后在铺层过程中将热塑性颗粒直接引入到层间，最后采用一定成型工艺共固化后获得层状化增韧材料。

层状化增韧后复合材料的CAI数值从增韧前的212MPa提高到327MPa，增幅达到54%；而整体增韧的复合材料的CAI增幅仅有30%。从以上性能数据的对比中可以看出，层状化增韧与传统的整体增韧相比，是一类更为有效的增韧途径。

耐高温聚酰亚胺复合材料在民用航空发动机上应用的最大障碍是制造成本太高。其主要原因是耐高温聚酰亚胺复合材料的制造依靠手工劳动，为降低耐高温聚酰亚胺复合材料的制造成本，一些先进的低成本制造技术正得到发展，例如适合于制造发动机进气道、燃料和润滑油外部管线的预浸带三维编织技术，GE公司已成功地利用这一技术制备了GE00发动机的中心风管。另外还有NASA正在发展的制备发动机次承力件的预浸带三维编织和RTM技术，这些低成本制造技术的应用无疑会降低聚酰亚胺复合材料制件的成本，促进其在民用航空发动机上的应用。

4.3.3 PMR树脂基复合材料在航天航空领域的应用

PMR型聚酰亚胺树脂基复合材料目前主要用于制造航天航空飞行器中各种耐高温结构件，从小型的热模压件（如轴承）到大型的真空热压罐成型结构件（如发动机外罩和导管等）。

随着航空技术的发展，航空器的巡航速度越来越高，第四代战斗机的一个重要特征就是能够超音速巡航，即在高空中，在不加力的情况下，保持马赫数1.5的巡航能力。在这种情况下飞行气动中心后移，气动加热明显加大，对作为气动表面材料的树脂基复合材料的使用温度、湿度提出了更苛刻的要求，如战斗机机翼蒙皮温度最高达300℃（高湿环境下）。PMR型聚酰亚胺基复合材料是目前使用温度最高的树脂基复合材料，长期工作温度为320～371℃，而且热氧化稳定性突出，已用于B-2隐形轰炸机的机身基材。

大功率涡轮发动机已成为现代军用和民用飞机的动力装置，为保证战斗机的高速巡航、非常规机动及民用飞机的超音速飞行，必须将涡轮发动机的推重比提高到15%～20%，这主要通过提高涡轮进口工作温度与减轻发动机重量来实现。树脂基复合材料目前主要用于有轻质、高强、高模要求的发动机冷端部分，应用范围主要在反推力装置、涵道、整流件及风扇系统等部件上，工作温度一般低于180℃，最高耐温为300℃，涉及部件占发动机质量的35%左右。而使用耐温等级更高的复合材料以取代靠近发动机中心体结构件，是目前和今后的研究与开发方向。英国Rolls-Royce公司正在研制PMR-15复合材料的结构件，以逐步取代目前大量使用的钛合金，以降低制造成本和质量。美国Pratt & Whitney公司则在为第四代军机配套的F-119涡轮发动机研制相应的石墨纤维增强PMR-15树脂基复合材料，以应用在发动机的导向叶片和内涵道部件上，力争使树脂基复合材料在整机结构中的比例接近50%，从而明显改善发动机的耗油量与单位成本，以此带动飞机的速度、载重、噪声与机动性能的明显改善。另外，美国空军资助研究的AFR-700B超高温树脂基复合材料也用于F-22的发动机上，以代替钛合金用作压气机的静子结构、进气道或后机身多用途导管等。据称，AFR-700B具有比PMR-Ⅱ-50更高的热稳定性，而且易于制造。

为进一步提高巡航导弹的突防能力，其飞行速度已由目前的亚音速向中音速（680～1700m/s）发展。美国在2010年前后巡航导弹的飞行速度已达到2720～3060m/s，而法国、俄罗斯等国家届时的巡航导弹的飞行速度已达到2040～2380m/s。因此，提高巡航导弹的飞行速度是今后发展的必然趋势，但中、高、超音速导弹在研制过程中将解决一个不可避免的重大难题，即如何解决耐高温的轻质高强低成本的结构材料。众所周知，当巡航导弹飞行速度为680～1020m/s时，弹体和弹翼蒙皮的表面温度高达200～300℃，常规的高强铝合金（如2219、7050等）和环氧树脂基复合材料就不能满足上述要求了。目前只能大量采用钛合金（如Ti-6Al-4V）和耐热粉末铝合金（如Al-Fe-V-Si）作为弹体结构材料。近来，随着耐高温先进复合材料技术的逐渐成熟，已开始采用碳纤维增强的聚酰亚胺材料。当巡航导弹的速度为1020m/s时，巡航导弹整流罩和尾翼等部件的表面温度将分别达到316℃和371℃，在这种情况下，除可采用高温高强钛合金外，还可采用PMR-Ⅱ聚酰亚胺复合材料，该材料不仅在371℃时仍具有很好的力学性能，而且可使构件质量大幅度减轻。与钛合金相比，整流罩和尾翼的质量可分别减轻约67%和53%。美国战斧巡航导弹的进气道和整流罩就是采用石墨纤维增强聚酰亚胺复合材料的。耐高温树脂基复合材料不但具有优异的耐高温性能和力学性能，通过选择适当的增强材料，也可具有优良的介电性能和透波性能等特殊功能，因此，还是一种比较理想的高速巡航导弹的雷达天线罩材料。

航天领域中耐高温树脂基复合材料的应用范围也相当广泛。据报道，如果美国航天飞机轨道器采用石墨纤维/聚酰亚胺复合材料代替目前所用的2219铝合金，结构承温能力可从现在的177℃提高到316℃，结构质量和热防护系统的质量将明显减轻，估计可减轻轨道器结构质量30%。用于制造航天飞机的方向舵、机翼前襟、副翼和襟翼，可减重26%。英国正在建造的水平起降无人或载人的太空旅行机，其所有结构材料、热结构材料均将采用石墨/聚酰亚胺复合材来制造。

4.4 氰酸脂树脂基复合材料

氰酸酯树脂基复合材料是一种以氰酸酯树脂为基体与各种增强体或功能体复合而成的新型高性能复合材料。

氰酸酯树脂是20世纪60年代开发的一种分子结构中含有两个或两个以

上氰酸酯官能团（—OCN）的新型热固性树脂，其分子结构式为：NCO—R—OCN，其中R可根据需要有多种选择，通常为芳香环结构或芳杂环结构。氰酸酯树脂又叫做三嗪A树脂，英文全称是Triazine A resin、TA resin、Cyanate resin，缩写为CE。

氰酸酯树脂具有优良的高温力学性能，弯曲强度和拉伸强度都比双官能团环氧树脂高；极低的吸水率（<1.5%）；成型收缩率低，尺寸稳定性好；耐热性好，玻璃化温度在240～260℃，最高能达到400℃，改性后可在170℃固化；耐湿热性、阻燃性、黏结性都很好；氰酸酯树脂在常温下多为固态或半固态物质，可溶于丙酮、氯仿、四氢呋喃、丁酮等常见的溶剂，对玻璃纤维、碳纤维、芳纶、石英纤维、晶须等增强材料有良好的浸润性，表现出优良的黏结性、涂覆性及流变学特性，其工艺性能与环氧树脂相近，不但可以用传统的注塑、模压等工艺成型，也适用于先进的复合材料成型工艺，如缠绕、热压罐、真空袋和树脂传递模塑等。

氰酸酯树脂电性能优异，具有极低的介电常数（2.8～3.2）和介电损耗角正切值（0.002～0.008），并且介电性能对温度和电磁波频率的变化都显示特有的稳定性（即具有宽频带性）。

氰酸酯树脂是继环氧、双马、聚酰亚胺之后的又一种新型高性能树脂基体，在高性能印刷电路板、宇航结构部件、雷达罩、透波隐身结构复合材料、人造卫星等领域获得了广泛的应用。

4.4.1 氰酸酯树脂改性

虽然氰酸酯树脂具有许多优良的性能，但是由于它的热固化反应温度高，固化时间长，制造成本高，其单体聚合后的交联密度过大，加之分子中三嗪环结构高度对称，结晶度高，造成CE树脂固化后较脆，因此韧性仍不能满足高性能复合材料基体树脂的要求，需要进行增韧改性。

目前增韧氰酸酯树脂的方法主要有：

① 与单官能度氰酸酯共聚，降低网络结构交联密度；

② 采用橡胶弹性体（如活性端基液体橡胶、核-壳橡胶粒子等）；

③ 与热塑性树脂（如聚碳酸酯、聚砜、聚醚砜、聚醚酰亚胺等）共混形成（半）互穿网络；

④ 与热固性树脂（如环氧树脂、双马来酰亚胺树脂、不饱和聚酯等）共聚。

（1）CE与EP共聚改性

氰酸酯可与环氧发生共聚合反应，生成氰脲环、异氰酸酯环、噁唑烷环及三嗪环等。一般认为其共聚存在三个阶段：

① 氰酸酯均聚成三嗪环交联结构；

② 氰酸酯官能团与环氧官能团反应生成噁唑烷环等结构；

③ EP发生聚醚化反应。因此CE/EP改性体系既能形成大量的三嗪环，保存氰酸酯原有的性能优点，又能形成交联网络，提高材料的力学性能；树脂体系反应不产生活泼氢，因而吸湿率低；树脂固化物中含有大量的醚键，因而具有较高的韧性。

环氧与氰酸酯的固化反应存在相互催化的作用，少量的环氧能促进氰酸酯的同化反应，而少量的氰酸酯也能促进环氧的固化反应。虽然改性体系的硬度和模量有所降低，但强度比纯氰酸酯和环氧都有很大的提高，断裂伸长率提高更大，增韧效果明显。

（2）氰酸酯与双马共聚改性

双马树脂虽然具有较高的耐热温度，但其固化温度高达250℃，固化物脆性大，成型工艺也较为复杂。氰酸酯与双马共聚或共混是改善双马冲击性能和工艺性的一个重要的研究领域。最直接的方法就是将双马与氰酸酯熔融混合得到均相的共混体系，在较低的温度下就可发生共聚反应，氰酸酯官能团（—OCN）与双马的马来酰亚胺环不饱和双键上的活泼氢发生反应，得到BT树脂（bismaleimide triazine resin，即BMI/三嗪树脂），其T_g高达250℃以上，具有较低的介电常数和介质损耗角正切值、优良的冲击性能，通常用作高性能印刷电路板的基体树脂。

（3）氰酸酯/环氧/双马三元改性体系

氰酸酯/环氧改性体系降低了氰酸酯原有的模量、耐热性及耐化学药品性；氰酸酯/双马改性的体系增韧效果不太明显，且工艺性较差，成本较高，因此许多研究采用这三种树脂共混，以期得到性能更佳的树脂体系。氰酸酯/环氧/双马三元体系中，氰酸酯和环氧的共聚结构与双马形成互穿网络结构（IPN），使体系的工艺性和韧性比二元体系有了较大的提高。

（4）热塑性树脂改性

氰酸酯可与许多非晶态的热塑性树脂共混，热塑性树脂的质量分数可达25%～60%，视性能要求而定。所用的热塑性树脂主要为T_g较高、力学性能比较优良的树脂，如聚碳酸酯（PC）、聚砜（PSU）、聚醚砜（PESU）、聚醚酰亚胺（PEI）等。上述树脂可溶于熔融态的氰酸酯中，因此可用热熔法或熔融挤出法制备共混树脂。改性体系在固化前呈均相结构。随着固化反应的进行，氰酸酯/环氧分子量不断增大，逐渐分相成为两相体系，即分散相（热塑性树脂）和连续相（氰酸酯/环氧）。这种两相结构能够有效地阻止材料受力时产生的微裂纹扩展，提高了材料的韧性。随着热塑性树脂用量的增加，分散相颗粒越来越大，直至与氰酸酯/环氧等共混，体系固化后形成两个连续相。氰酸酯/环氧与热塑性树脂最终形成半互穿网络（SIPN）结构，从而得到一种高力学性能、高使用温度的材料体系。

热塑性树脂的加入使氰酸酯的耐热性发生不同程度的下降。此外，热塑性树脂的分子量较大，会使共混树脂的黏度增大，工艺性能变差。

（5）橡胶弹性体改性

氰酸酯最常用的橡胶增韧剂为端羧基丁腈橡胶（CTBN），这种增韧可用一种核－壳增韧机理来解释，即认为改性体系固化后形成了核－壳结构，核为橡胶，壳为CE固化物。材料在受到外力作用发生形变时，核－壳结构发生位移而产生空穴。空穴吸收能量，起到增韧作用。使用橡胶增韧氰酸酯时，可在较低的温度（80℃）下与氰酸酯共混。橡胶的加入不会像热塑性树脂那样对树脂的黏度产生较大的影响。但是由于橡胶的耐热性问题，必须注意固化温度对改性体系的性能的影响。橡胶改性氰酸酯体系的后处理温度不宜过高，因为高温会使橡胶老化。

4.4.2 氰酸酯树脂基复合材料的应用

氰酸酯树脂性能优异，可综合双马树脂的耐高温性和环氧树脂的良好工艺性，特别突出的是非常优异的介电性能，因此在电子、航空航天、涂料、胶黏剂等诸多领域获得了广泛的应用。目前氰酸酯树脂基复合材料主要用于航天领域，包括：高频高速航天通信电子设备的印刷电路板（PCB）、航空航天结构部件、隐身材料、高性能雷达天线罩、通信卫星等。

（1）在高性能印制线路板（PCB）中的应用

航天电子技术的发展，要求信号传输的速度更快，而其损失更小。作为电子元件的载体，PCB必须具有极佳的电绝缘性能，即介电常数和介质损耗角正切值必须控制在一个较低的范围内。同时由于电路集成密度的提高，电子元器件因为功率损耗而放热，为保证电路工作的可靠性，PCB必须具有耐高温性能（T_g高于180℃）、较好的尺寸稳定性（线胀系数要低）、低吸湿率和良好的耐腐蚀性能。传统的PCB采用的是环氧、聚酰亚胺和聚四氟乙烯（PTFE），前两者存在介电性能较差、吸湿率高的缺陷。与PTFE基PCB相比，虽然介电性能和耐热性较差，但氰酸酯基PCB具有与环氧相近的工艺性、高尺寸稳定性，并且无需使用昂贵的萘化钠蚀刻液，其介电性能和耐热性已足以满足当前高性能PCB的要求，完全可以取代PTFE基PCB。而且，与以上三种树脂相比，氰酸酯可极大地提高信号传输速度，且传输速度不会因电流长时间发热而降低。美国AT&T公司和IBM公司等均使用改性的氰酸酯作为PCB的基体树脂及芯片封装材料。

（2）在航天结构部件中的应用

最早应用于宇航领域的商品化氰酸酯基复合材料为美国Narmco公司的R-5425C，这是一种用碳纤维增强的氰酸酯与其他树脂的混合物。随后，Scola等又研制出一种EP改性的BT树脂，用高强度的碳纤维增强后其表征冲击韧性的冲击后压缩强度（CAI）值达220 MPa，且可在132%～149%的高湿热环境下使用。后来一些公司在氰酸酯中加入T_g高于170℃的非晶态热塑性树脂，使氰酸酯在保持优良的耐湿热性能和介电性能的同时，CAI值达到了240～320MPa，有效地解决了复合材料的易开裂问题，其使用温度与改性后的聚酰亚胺、双马相当。

氰酸酯也可制成宇航中常用的泡沫夹芯结构材料，泡沫夹芯结构材料在使用和存放的过程中，湿气易通过表面层渗入泡沫芯，在高温环境下使用易导致结构性破坏。氰酸酯基复合材料可采用特殊的处理工艺解决以上问题：铺层前充分烘干，用再生聚芳酰胺纤维作增强材料，采用特殊的催化剂，以及提高固化温度。

另一种泡沫复合材料，是在真空陶瓷微球外包覆一层氰酸酯薄膜，成功地使氰酸酯的线胀系数降低到$1.3\times10^{-5}K^{-1}$，并且在173～230℃下能够保持较高的力学性能，用于宇航飞行器支撑板、承力结构件等。

（3）隐身材料中的应用

在海湾战争和北约对南联盟的轰炸中，美国的B-2A隐身轰炸机和F-117A隐身战斗机引起了各国研究隐身材料的热潮。隐身的关键是减小飞行器的雷达散射截面，从而产生低可视性。隐身技术包括外形技术和材料技术，二者必须配合使用，其中材料技术又可分为雷达吸波涂层和结构吸波材料。目前，关于隐身材料的具体设计很多，其中较为成熟的理论是：用透波性好、强度高的复合材料制作表面层，以蜂窝状结构为夹芯，在夹芯壁上涂以吸波层或在夹芯中填充轻质泡沫吸波材料。透波表面层的厚度为1/4波长的奇数倍，这样，电磁波透射到表面层时，部分反射（反射波1），部分透射，透射波再经吸波基板反射（反射波2），反射波1与反射波2相位相反，相互抵消，使反射波1和反射波2均变得极其微弱，有效地防止了反射，从而达到了隐身的目的。氰酸酯的透波率极高，透明度好，是制作透波层的极佳材料。美国亨茨维尔特殊公司研制的另一类雷达吸波材料，以高分子聚合物为基体，均匀分布氰酸酯的晶须，用晶须来切断入射雷达波信号并吸收大量能量，通过在此过程中产生热量来消耗吸收的能量，从而达到隐身的目的。

（4）在雷达罩中的应用

制造雷达罩的复合材料一般选用环氧、聚酯或双马作基体，但对于在600MHz～100GHz的频率范围内工作的雷达罩来讲，要求基体树脂具有良好的介电性能，T_g高于150℃，并且具有优良的耐湿热性能。以上三种树脂不能同时满足这些要求，因此需要开发新的材料。氰酸酯兼具上述三种树脂的优异性能，已成功用作雷达罩的材料。如BASF公司开发的一种石英纤维/氰酸酯复合材料，以这种复合材料制作蒙皮的雷达罩比用环氧和双马制作蒙皮的雷达罩介质损耗降低了75%，介电常数降低10%，吸湿率也降低了，湿态介电性能更优。

（5）在人造卫星上的应用

卫星结构材料与其他宇航材料有明显差别。卫星结构材料要解决的主要问题是在满足强度的要求下，尽量提高刚度。卫星在大气层外真空和高低温交替的环境下，易受树脂中残余挥发分的损害，挥发物覆盖在光学和电子部件的表面而使其失去功能。氰酸酯的聚合反应属于加聚反应，聚合过程中无低分子物等挥发分放出，因而可避免此问题。此外，氰酸酯基复合材料的高尺寸稳定性、抗辐射能力、抗微裂纹能力等优异性能使其在卫星材料中的应用日益扩大，广泛用作先进通信卫星构架、抛物面天线、太阳电池基板、支撑结构、精密片状反射器和光具座等。如Fiberite公司研发的一种用活性端基聚硅氧烷增韧改性的氰酸酯，可在复合材料表面形成一层SiO_2膜，从而防止了材料因接触原子氧而受腐蚀。

（6）在其他行业中的应用

氰酸酯基复合材料还被用于汽车工业。日本三菱瓦斯化学公司用双马和部分环氧改性的氰酸酯基复合材料作刹车片黏合剂，不仅具有优异的剪切强度、剥离强度和耐热性能，而且还可以耐刹车油的长期浸泡，比传统的酚醛黏合剂更为优异。

4.5 高性能热塑性树脂基复合材料

先进热塑性树脂基复合材料是用高性能的热塑性树脂为基体与高性能纤维（如碳纤维）复合而成的一类新型高性能复合材料。

自20世纪60年代先进树脂基复合材料问世前，热固性树脂基复合材料一直是发展的主流，但大多数热固性树脂基复合材料存在一些固有的缺点，如断裂韧性、损伤容限低；吸湿率高、环境适应性不佳；难以回收等。所以进入20世纪90年代，以高性能热塑性树脂为基体的热塑性复合材料得到开发，并成为复合材料备受关注的研究领域。

20多年来，先进热塑性树脂基复合材料的研发取得很大进展，在军用和民用飞机上均得到应用。据报道，美国波音-787“梦想飞机”和空客A-350XWB宽体客机上都使用了热塑性树脂基复合材料。

与热固性树脂复合材料相比，热塑性树脂基复合材料具有许多优点，如韧性高、耐冲击性能好、预浸料性能稳定、无贮存时间限制、制造周期短、耐化学性能好、吸湿率低、可重复加工、废旧制品可再生利用等。

4.5.1 高性能热塑性树脂基体

目前的高性能热塑性树脂主要有聚醚醚酮（PEEK）、聚醚酮（PEK）、聚醚酮酮（PEKK）、聚苯硫醚（PPS）、聚醚酰亚胺（PEI）、聚醚砜（PES）、聚酰胺酰亚胺（PAI）、热塑性聚酰亚胺（TPI）等，其中以聚醚酮类树脂用得最多。

聚醚酮和聚醚醚酮是半结晶态的热塑性芳香族聚合物，其分子结构中，有一些分子是呈有序排列的，称为晶态；另一些分子呈无规则排列，称为无定形态。这两种形态的分子互相缠结，使这些树脂表现出不同于热固性树脂的性能特征。

在热性能上，在玻璃化温度（T_g）时，只有无定形部分产生链段松弛，降低部分强度，而其中的晶态部分将经历一个强度逐渐下降的过程直到接近其熔点（T_m）。T_g以上保留强度的比例与晶态分子的含量有关。一般来说，晶态分子的熔点温度都较高，接近或超过300℃，这就使热塑性复合材料的成型制造变得更加复杂和困难。

在力学性能上，具有明显的力学松弛现象；在外力作用下，有相当大的断裂伸长率；抗冲击性能好。这有利于提高复合材料的断裂韧性和抗冲击能力，但力学松弛却对复合材料在使用中的尺寸稳定性有影响。

和热固性树脂复合材料相比，高性能热塑性树脂和其复合材料的优点主要表现在以下两方面。

（1）材料性能的优点

① 优异的力学性能，相当高的拉伸强度和模量。

② 优异的韧性、抗冲击和损伤容限。

③ 可回收和重复使用，资源利用率高。

④ 挥发分含量很低，可降低乃至避免环境污染，人工操作安全。

⑤ 无限的贮存期，不需要冷冻贮存和运输。

对于半结晶型树脂（如PEEK、PPS等）还特别具有以下几点特性。

① 耐湿热性能好，湿热条件的性能保持率高。

② 化学性能稳定，突出的抗腐蚀和抗介质性能。

③ 突出的阻燃性能，低烟、低毒、低热释放速率。

④ 很低的吸水性。

⑤ 使用温度接近玻璃化温度。

（2）成型工艺方面的优点

① 零件制造成本低，主要表现在：

a. 成型周期短，加热到熔点，马上成型；

b. 没有固化过程，无需后处理；

c. 可以快速自动化成型，避免手工铺层、热压罐的消耗；

d. 零件一般不需要太多的处理，可以得到净型件；

e. 可以再成型/再加工；

f. 预浸料不需要冷冻贮存和运输。

② 没有固化放热问题，可以制造厚的零件，残余应力小。

③ 能实现现场连续成型，如丝束缠绕、纤维和带铺放、辊轧成型、拉挤成型等。

④ 可用熔合技术，用普通胶黏剂进行连接。

⑤ 零件容易修理。

表4-2给出了一些热塑性树脂与热固性树脂的性能对比。

表4-2 典型热塑性树脂与热固性树脂力学性能对比

树脂	T_g/T_m /℃	拉伸强度/MPa	拉伸模量/GPa	断裂伸长率/%	弯曲强度/MPa	弯曲模量/GPa	Gic /（kJ/m²）
聚醚醚酮	144/340	103	3.8	40	110	3.8	2.0
聚醚酮酮	156/338	102	4.5	—	—	4.5	1.0
聚醚酰亚胺	217/-	104	3.0	30 ~ 60	145	3.0 ~ 3.3	2.5
聚醚砜	260/-	84	2.6	40 ~ 80	129	2.6	1.9
聚酰胺酰亚胺	288/-	136	3.3	25	—	—	3.4
K-聚合物	250/-	102	3.8	14 ~ 19	—	3.8	1.1 ~ 1.9
N-聚合物	350/-	110	4.1	6	117	4.2	2.5
聚苯硫醚	85/285	82	4.3	3.5	96	3.8	0.2
环氧	170	59	3.7	1.8	90	3.5	—
热固性双马	295	83	3.3	2.9	145	3.4	0.2

表中数据表明：热塑性树脂具有较高耐热性，且韧性较热固性双马树脂约高一个数量级，有利于提高复合材料的断裂韧性和抗冲击性。但热塑性树脂复合材料的压缩性能几乎都低于双马和环氧树脂复合材料，这是需要进一步研究和改进的。

4.5.2 热塑性复合材料预浸料制备技术

为了更好地实现连续纤维增强复合材料的性能剪裁和树脂含量控制，同热固性树脂基复合材料一样，热塑性复合材料一般也需要先制成连续纤维预浸料，在此基础上再进行复合材料制件的成型制造。

与热固性树脂不同，高性能的热塑性树脂基体大多很难溶于化学溶剂，所以预浸料的制备一般较少采用树脂溶液浸渍法，而是采用树脂熔融浸渍法，但高性能热塑性树脂的熔点高且熔体黏度大，这不仅需要提高加工温度（通常在300℃以上），而且还要解决树脂在纤维上均匀分布和树脂对纤维的连续浸渍问题。

目前，连续纤维增强热塑性树脂预浸料的工艺主要有：熔融浸渍法；粉末流化浸渍法；粉末悬浮浸渍法；纤维混编法。

（1）熔融浸渍法

先将树脂加热熔融，然后纤维通过熔融树脂得到浸渍，树脂浸渍的纤维经冷却，并由带状拉出机牵拉平整得到预浸料。此法的特点是预浸料树脂的质量分数容易控制，脂体熔体不含溶剂，无溶剂污染，预浸料的挥发分含量低，避免了由于溶剂的存在而引发的空隙含量高的内部缺陷，特别适用于结晶性树脂制备预浸带。但熔融树脂法要求树脂的熔点较低，并在熔融状态下其黏度较低，具有较高的表面张力，与纤维有较好的浸润性。尤为重要的一点是树脂在熔融状态下，基本上无化学反应，具有较好的化学稳定性和较小的黏度波动。

(2) 粉末流化浸渍法

先将树脂制成粉末状，再以各种不同方式施加到纤维上。这种方法生产效率高、工艺稳定且易于控制。根据工艺过程的不同及树脂和纤维结合状态的差异，粉末预浸法可分为以下两种方法。

① 悬浮液浸渍法。该法是制备连续纤维增强热塑性树脂基预浸料的一种新方法。即将树脂粉末及其他添加剂配制成悬浮液，碳纤维长丝经过浸胶槽，在其中经悬浮液充分浸渍后，进入加热炉中熔融、烘干。也可通过喷涂、刷涂等方法使树脂粉末均匀地分布于碳纤维中。经过加热炉处理后的碳纤维/树脂束可制成连续碳纤维预浸料。

这种方法工艺简单，生产效率高，成本低，适用于各种热塑性树脂基体；可有效地控制产品质量，适于生产大型制品，因此是一种很有发展前途的工艺方法。

② 流化床浸渍工艺法。该法是使每束碳纤维或织物通过一个有树脂粉末的流化床，树脂粉末悬浮于一股或多股气流中，气流在控制的压力下穿过纤维，所带的树脂粉末沉积在碳纤维上，随后经过熔融炉使树脂熔化并黏附在碳纤维上，再经过冷却定型段，使其表面均匀、平整，最后经由收卷装置收卷制得预浸料。这种工艺对碳纤维损伤小，聚合物无降解，具有成本低的潜在优势，但适合于这种技术的树脂粉末必须非常细小，直径以10～20μm为宜，而且粉末也难以均匀地黏附在纤维的表面上，容易造成粉末堆积，形成较多空隙。

(3) 粉末悬浮浸渍法

水悬浮浸渍法是近几年研究得较多的一种工艺。这种工艺中，热塑性树脂粉末和表面活性剂在浸渍室中形成水悬浮液，导辊将连续纤维牵拉入主槽中浸渍，使粉末均匀地渗入纤维之间，然后经干燥、加热压实成型，再经拉出机拉出，这种工艺与上述其他工艺相比，具有以下优点：

① 采用资源丰富且无污染的水作为悬浮分散剂，方便易得且易除去；

② 采用连续纤维浸渍适合于大批量、高效率生产，降低生产成本；

③ 树脂粉末大小在毫米级，克服了粉末法20μm的极限；

④ 水悬浮法操作容易，安全卫生，黏度低，克服了熔融浸渍的高黏问题；

⑤ 仅在热滚压时需要高温，在熔融态树脂阶段停留时间短，减少了其重量损失，大大避免了热降解，对温度敏感的聚合物也可以适用，节省了能耗。

此法技术新，成本低，工艺简单，设备投资少，制备周期短，可用于连续纤维增强热塑性树脂基复合材料的生产。

（4）纤维混编法

纤维混编法是将热塑性树脂纺成纤维或薄膜带，然后根据含胶量的多少将一定比例的增强纤维与树脂纤维束紧密地合并成混合纱，再通过一个高温密封浸渍区使树脂和纤维熔成连续的基体。该法的优点是树脂含量易于控制，纤维能得到充分浸润，可以直接缠绕成型得到制件。它是一种很有前途的方法。但由于制取直径极细的热塑性树脂纤维（$<10\mu m$）非常困难，同时编织过程中易造成纤维损伤，限制了这一技术的应用。

4.5.3 高性能热塑性复合材料成型技术

高性能热塑性复合材料的成型工艺，主要由热固性树脂基复合材料及金属成型技术移植而来。按照所用的设备不同可以分为模压成型、双膜成型、热压罐成型、真空袋成型、纤维缠绕成型、压延成型等。在这些方法中，模压成型、双膜成型、缠绕成型、真空袋成型和热压罐成型是用得较多的成型方法。

（1）模压成型

模压成型是通过将按模具大小裁切好的预浸片材在加热炉内加热至高于树脂熔化的温度，然后送入压模中，快速热压成型。成型周期一般在几十秒至几分钟内完成。这种成型方法能耗、生产费用均较低，生产效率高，是目前热塑性复合材料成型加工中最常用的一种成型方法。

（2）双膜成型

双膜成型也叫树脂膜渗透成型，是ICI公司开发的一种利用预浸料制备复合材料制件的方法，此法有利于外形较复杂的制件的成型加工。

在双膜成型中，裁剪好的预浸料放于两层可变形的柔性树脂膜或金属膜之间，膜的周边采用金属或其他材料密封，在成型过程中，加热到成型温度后，施加一定的成型压力，制件按照金属模具的形状而变形，最后冷却定型。双膜成型中，一般要将制件和膜封装并抽真空，由于膜的可变形性，对树脂流动的限制远小于刚性模具，另一方面，由于真空下变形的膜可对制件施加均匀压力，能提高制件的压实度，保证成型质量。

（3）缠绕成型

热塑性复合材料的纤维缠绕成型与热固性复合材料的不同之处是缠绕时要把预浸纱（带）加热到软化点，并在与芯模的接触点进行加热。通常的加热方法有传导加热、介电加热、电磁加热、电磁辐射加热等。在电磁辐射加热中，又因电磁波的波长或频率不同而分红外辐射（IR）、微波（MW）和射频（RF）加热等。最近几年还发展了激光加热及超声加热系统。

近年来新型缠绕成型工艺得到开发，其中有一步成型法，即纤维通过热塑性树脂粉末沸腾流化床制成预浸纱（带），然后直接缠绕在芯模上；还有通电加热成型法，即对碳纤维预浸纱（带）直接通电，靠通电发热使热塑性树脂熔化，使纤维纱（带）缠绕成制品；第三种是用机器人进行缠绕，提高缠绕制品的精度和自动化程度，因而受到了极大的重视。

（4）拉挤成型

拉挤成型是一种连续制造具有恒定截面的复合材料型材的工艺方法，最初用于制造单向纤维增强实心截面的简单制品，逐渐发展成为可以制造实心、空心以及各种复杂截面的制品，并且型材的性能可以设计，能够满足各种工程结构要求。拉挤成型是将预浸带（纱）在一组拉挤模具中固结，预浸料或是边拉挤边预浸，或是另外浸渍。一般的浸渍方法是纤维混纺浸渍和粉末流化床浸渍。

4.5.4 高性能热塑性复合材料的应用

近年来，高性能热塑性树脂复合材料在航空航天的应用发展很快，国内外众多飞机制造公司都采用热塑性树脂复合材料制造飞机部件，使用较多的热塑性树脂是PEEK、PEI和热塑性PI，热塑性树脂复合材料在飞机上的一些应用见表4-3。

表4-3 热塑性树脂复合材料在飞机上的应用

材料	成型方法	制件	特点
AS4/PEEK	重新熔融成型	F/A-18战机蒙皮	证实重新熔融成型方法的可行性
IM6/PEEK	模压/热压灌成型	F-5F起落架	设计复杂，比铝蒙皮减重31%～33%
GF/PEEK	注射成型	内外蒙皮，观察台Boeing757发动机整流罩	抗恶劣条件，如高湿度、超声振动；比金属制品减重30%，价格降低90%
CF/PSU	热压灌	YC-14升降舵	服役期20年，无需后处理
KEVLAR/PEI	—	FOKKER-50起落架门蒙皮	在成型后强度保持87%，无可见损伤
碳织物/PPS	—	波音飞机的检修门	7个热塑性零件由超声连接，韧性是环氧基复合材料的10倍

（1）在军机上的应用

美国F-22战斗机上热塑性复合材料用量为10%，自1980年英国帝国化学公司（ICI）聚醚醚酮（PEEK）预浸料投放市场后成为航天航空最具实用价值的先进热塑性复合材料。据报道，碳纤维增强聚醚醚酮（C/PEEK）和碳纤维增强的改性双马树脂（C/5250-3）两种复合材料曾应用在F-5E和T-38飞机上，并在同样条件下进行飞行试验，结果表明热塑性树脂复合材料在抗分层和缺陷数量方面都远优于双马复合材料。PEEK预浸料已经应用于F-117A的全自动尾翼、C-130机身的腹部壁板、法国阵风战斗机身蒙皮等。

热塑性复合材料还具有很多特殊的功能。例如PEEK、PEKK、PEK、PES等作为透波材料树脂都具有比较好的雷达传输和介电透射特性，当雷达波透射到这些树脂基复合材料时，不容易形成爬行的电磁波。聚醚砜（PES）对雷达射线透过率极佳，目前雷达天线罩已用其代替过去的环氧制件。热塑性复合材料还具有极好的吸波性能，能使频率为0.1MHz～50GHz的脉冲大幅度衰减，现在已用于先进战斗机（ATF）的机身和机翼，其型号为（APC HTX）。另外APC-2是CelionG40-700碳纤维与PEEK复丝混杂纱单向增强的品级，特别适宜制造直升机旋翼和导弹壳体，美国隐身直升机LHX已经采用此种复合材料。

（2）在民机上的应用

在民用飞机方面，先进热塑性树脂同样具有重要的应用。如空客A-340/A-380飞机机翼前缘应用的就是碳纤维增强的聚苯硫醚（PPS）复合

材料。首先将PPS薄膜和碳纤维织物层通过热成型加工成一个具有弧度的部件，然后将其覆盖并固定在机翼前缘表面。

ICI公司利用50%长玻璃纤维增强尼龙66制造飞机上的阀门，代替了原来使用的酚醛石棉复合材料，满足了飞机阀门在宽的温度范围内与燃料长期接触也能保持其性能和形状的要求。除了飞机外部零部件应用PPS外，飞机内部零件，包括座椅架、支架、横梁和进气管也应用PPS复合材料。目前热塑性复合材料在航空领域的应用，已通过联邦航空规范条款25.853及客机技术标准条款1000.001，用于飞机内部装饰件，包括支架、门、窗等，以提高安全性。

随着热塑性复合材料的发展，其在飞机上的应用范围也日益扩展，各国正在研究大型热塑性飞机主结构的可行性。如2005年空客公司与荷兰工业研究院已联手在热塑性材料领域进行合作，发起名为热塑性非昂贵型飞机主结构（TAPAS）的项目，为未来的飞机项目制造大型主结构。开发的材料、生产工艺、设计概念以及工具必须达到技术准备6 级水平（TRL）。与实物大小相同的样品作为该开发项目的一部分。面临的技术挑战包括：合适材料的开发及判定、对接以及生产技术，例如纤维焊接、模压成型和纤维铺放。

（3）在航天领域的应用

在航天方面，热塑性复合材料的应用也越来越广。例如随着通信遥感卫星的发展，要求增大光学口径以提高遥感器的分辨率。包括各种空间相机主光学系统的反射镜（球面和非球面的）和光机扫描型空间遥感器扫描镜。然而，用金属材料制成的反射镜均存在重量太大导致设计方案无法实现的问题，而用热塑性复合材料可以得到有效解决。用AS4C单向织物/PEEK预浸料压制成的反射镜基板，复合PEEK树脂制成反射镜，在2.0 ～ 3.5μm红外光谱段可达到反射率的要求，在2μm光谱段的反射率为96%以上，3.5μm光谱段的反射率为96.89%。

第5章

树脂基复合材料制造成型

几十年来，先进树脂基复合材料的成型和制造技术已发展成为一门独立的和前沿性的现代工程技术，它融合了材料研究、产品设计、制造技术、性能评价和质量保证等多方面的内容，集数字化模拟技术、现代检测技术、过程的自动化控制技术等于一体，是实现复合材料高性能的重要保证，也是降低复合材料成本的一个重要方面。随着使用经验的不断积累，复合材料将在更大范围内得到推广和应用，因而，进一步提高复合材料的性能和降低复合材料的成本就成了现代复合材料的发展主流，而在其中，高效、节能、低成本的成型和制造技术是复合材料低成本化的重要方面。

先进树脂基复合材料的成型与制造基本上可分为两大类，即湿法成型和干法成型。也有的称为一步法成型和两步法成型。

一般的湿法成型是直接将液体树脂基体与增强体以不同方式混合，施加到模具上或模腔内成型，传统的方法有浇注、挤压、喷射成型等。这和塑料加工的方法类似。

这种湿法成型工艺和设备都较简单，但在固化时树脂中的溶剂、水分、低分子挥发物不易完全去除，在制品中形成气泡或空洞。而且树脂分布不均匀，在制品中形成富胶区或贫胶区，严重的会出现未浸胶区（俗称“白丝”现象），难以保证复合材料制件的质量。

以连续纤维作增强体的高性能复合材料一般不采取这些方法。

干法成型也叫两步法成型，第一步是将纤维和树脂做成预浸料，预浸料是原材料（树脂基体和纤维增强体）和最终复合材料制品之间的一种中间材料，是针对复合材料大多是层压结构的形式而开发的，它的制造方法简单来说就是将连续整齐平行的增强纤维牵引通过树脂浸胶槽浸上胶，再收卷成卷材。这种预浸料叫预浸带，沿纤维方向的长方向是连续的，具有一定的厚度和宽度。预浸带制备要用到一种隔离纸，或称离型纸，与浸过胶的纤维带连续贴合在一起同时收卷，这为后续的预浸带层片切割、铺叠提供了极大方便。

干法成型的第二道工序是热压固化成型，对叠合好的预浸料坯件进行加热加压使树脂固化，最后成型得到所要求的复合材料制件。这是一种最早用于制造高性能树脂基复合材料的成型技术，目前还在大量采用。

通常成品预浸料要在低温下贮存，贮存过程中，预浸料中的树脂基体会固化到一定程度，称之为B-阶段，B-阶段预浸料在常温下呈半干态，这便于铺层。

由于贮存中树脂基体会固化，固化程度与贮存温度和时间有关，固化程度太高将影响最终使用，甚至不能再用，因此必须考虑贮存寿命，不同的树脂基体有不同的贮存寿命，这一点对预浸料的使用很重要。

热压成型包括热压罐、真空辅助热压、热膨胀加压及模压成型等几种，对于大尺寸、形状复杂、整体化程度高的制件，要用热压罐成型。而对于尺寸较小的高精度制件，通常多用模压成型。

这种采用预浸料的两步法成型，虽然增加了一道工序和专用设备，使成本提高，但对于高性能复合材料的性能和质量保证，却体现出多种优点，具体如下。

① 在预浸料制备过程中，可以实行工艺质量控制，能有效地控制一些重要性能参数，如树脂含量和分布均匀度、纤维的方向性和分布均匀度等，最后能有效地保证复合材料制件的性能和质量。

② 预浸料制备过程中，树脂中的溶剂、水分和低分子组分能得以排除，最后的复合材料制件中的气泡、空洞等缺陷大为减少。

③ 预浸料的切割、铺叠极为方便，能实现纤维的不同取向，完全体现复合材料的性能可设计性的特点。

④ 预浸料有专门的工厂、车间或工段生产，易形成专业化、规范化，产品质量易于控制，生产效率大为提高。同时能避免纤维飞扬、树脂流溅、空气污染等问题，为后续工序改善了操作环境和劳动条件。

为了提高生产效率，降低制造成本，近些年发展了一类新型的湿法成型工艺，即液体树脂成型（liquid composite molding，LCM），具代表性的有树脂传递成型（resin trnasfer molding，RTM）、树脂扩散渗透成型（resin film infusion，RFI）和结构反应注射成型（structural reaction injection molding，SRIM）。在RTM的基础上，还发展出几种派生技术，如真空辅助RTM（VARTM）、热膨胀型RTM（TERTM）、共聚型RTM（CPRTM）。其他液体成型技术还有纤维缠绕成型（filament winding，FW）、拉挤成型（pultrusion）。这些方法经多年研究，目前已日趋成熟，用它们制造的复合材料部件，已在飞机上成功应用。

此外，低成本高效成型技术还有预浸带自动铺放（auto tape laminating，ATL）和自动纤维带铺放（auto tape placing，ATP）。ATL是运用高度自动化的机器，进行预浸带的切割和铺放，能提高大尺寸和大批量制件的生产效率，但机器造价昂贵。ATP可以看成是湿法的纤维缠绕成型技术的发展，

即将连续纤维先制成预浸带，再连续铺放到芯模上，它避免了湿法纤维缠绕树脂含量不易控制的缺点，不仅能保证制件质量，还能提高生产效率。

高度自动化的成型技术需要先进的计算机软件辅助，才能达到精确控制的目的，它反映了一个国家的工业制造水平，航空高端制造离不开计算机技术的发展和进步。

由于热固化，特别是热压罐固化带来大量的能量消耗，因此新型的固化技术正在发展和应用，包括：低温固化、电子束固化和光固化技术，其中低温固化与所用的树脂基体有关，因此开发低温固化而又具有高温固化性能的树脂基体也得到了重视。

先进树脂基复合材料成型技术的发展方向是制件的大型化和整体化，制造的高效、快速和自动化、产品的高质量化和低成本化。

整体化成型代表了航空结构复合材料先进制造技术的发展方向，它充分利用了纤维增强体可以编织成不同形状和尺寸的2D和3D的立体纤维预型件，再用液体树脂成型方法，将树脂与预型件复合，最后固化得到包含有各种结构零件组合的大型整体结构部件。

整体成型最大的优点在于大量减少零件和紧固件的数量，如美国第四代战斗机F-22，复合材料的用量达28%，包括机翼和尾翼等。通过整体化技术，金属零部件用量减少95%，各种紧固件用量减少96%，而复合材料结构件本身也从600个零部件减少到200个，用量减少66%。

整体化制造技术的另一个重要方面就是结构一体化，它更能体现复合材料集成复合的特点，一体化复合材料结构包括两方面内涵，一是不同的机身结构一体化，典型的是美国NASA验证的机翼和机身结构一体化的技术，这些研究已得到空客公司的认可，如机翼蒙皮可采用多向经编布织物（non crimp fabric，NCF）预型件，而筋、肋、桁等则可用2D或3D的纤维编织物预型件，然后采用缝合（stitching）或预胶合形成一体化的预型件，用RTM进行固化成型。一体化技术的另一个内涵是结构和功能一体化，即对复合材料结构赋予某种特殊功能，如隐身功能、透电波功能等。进而发展到智能化，即采用某种传感元件（sensor）如压电晶片、应变片、光纤等，置入结构中，与微计算机和执行单元形成一个自动检测和控制回路，从而使结构本身具有自检测、自监控、自调节、自适应、自修补等智能化的功能。

几乎所有的树脂基复合材料的成型都需要成型模具（processing mold）。

模具的形状和尺寸决定了复合材料制件的形状和尺寸。对模具的基本要求如下。

① 满足产品设计的精度要求，模具尺寸精确，模具材料尽可能与构件的热膨胀系数相匹配，以保证生产出的产品变形小，尺寸稳定性好，模具表面光滑、平整、密实、无裂缝、无针眼，保证产品质量。

② 要有足够的刚度和强度。要能承受自重、制件重量、生产过程中的震动及活载荷的组合作用。对于大型产品，除满足强度要求外，还必须满足刚度要求。

③ 良好的热传导性和热稳定性，模具要有足够的耐热性，防止加热固化变形，影响产品质量。模具导热快，可缩短模具和制件在热压罐中的固化周期，还可节约能源。

④ 重量轻、材料来源充分。模具的设计及选材在具有足够的刚度和强度时还要考虑其运输操作方便。

⑤ 成本低、易于加工。模具的经济效益及加工的技术难度也是模具设计不可缺少的一个因素。

⑥ 维护及维修简便。要延长模具的使用寿命，模具可维修是一个重要的手段。坚固耐用，耐磨损，能多次重复使用，易于维修。

（1）模具材料的选择

模具材料对模具的质量和成本关系很大，模具材料的选择除包括前述的几点外，还应考虑制品的成型工艺要求。

对于低温固化成型或尺寸精度要求不高的制件，所用的模具一般不会有太多的要求，因此模具材料就可选用价格低、易加工、较轻便的材料，如玻璃纤维增强的塑料、高密度泡沫、混凝土，甚至黏土或木材，以及几种材料的组合。

对于高温固化、尺寸精度要求高的模具，在选择模具材料时通常要考虑耐热性、热膨胀系数、使用周期、制品公差、表面质量、固化设备和成本等。

金属材料如铝合金、钢是首选的，具有强度和刚度高、易加工、导热性好、使用寿命长、尺寸稳定、易修复、表面光洁度高等优点。但金属模具材料一般价格较高。

图5-1是一种金属模具，适用于手糊成型工艺，可以看出，模具表面光洁度极高，可以精确保证复合材料制件的尺寸和外观要求。

图5-1 一种复合材料成型的金属模具

树脂基复合材料的成型温度一般在200℃以内，对于大尺寸和复杂形状的制件而言，采用金属模具材料就会产生材料和加工成本，以及搬运重量的问题，因而就要考虑其他替代的模具材料，如选用复合模具材料。

（2）复合材料模具

复合材料模具实际上是一种纤维增强的树脂基复合材料结构，模具的制造也与复合材料的成型相同。简言之，即是用层片铺叠或其他方式将复合材料施加到过渡芯模上，再固化成型为模具。当然在用作模具之前还要进行一些后续加工处理，如修边、打磨、表面涂胶层、装配等。

复合材料模具明显的优点是质量轻、刚度大、热膨胀系数与所成型的复合材料构件接近、所制造的构件尺寸精确度高。同时复合材料模具型面由预浸料铺叠成型，可作任意的修补再用，使用效率高。

现在复合材料模具所有材料品种很多，选用时主要考虑的是使用温度、热膨胀性能、强度和刚度以及制模的工艺性能等。

复合材料模具，特别是大型模具，必须要有足够的强度和刚度，能够满足成型过程中的所有工艺要求，在高温高压下能保持形状的尺寸的稳定性。因此，需要对模具进行加强和加固。目前已有专门用于复合材料模具加强的结构件，如螺旋型柔性加强件，很容易弯曲到模具的曲度，在模具背面形成永久性的支撑；方管、角材、工字梁可用来制造模具的支撑框架结构；还有各种形状和规格的管接头，用于各种支撑结构的连接。

这些辅助的加强或加固件可与复合材料模具实行共固化，形成一个整体模具结构，也可用胶接或机械连接方式与模具连接，两种连接方式可结合使用，视具体要求而定。

图5-2所示为两种典型的复合材料模具，其中图5-2（a）是由碳纤维复合材料制造的模具与加固件的组合，适用于复合材料的真空袋热压成型工艺。先将预浸料按形状要求下料切割成片材后，再根据铺层顺序在模腔内进行层片铺叠成预制件，通过加真空和加热加压成型。

图5-2（b）是一种复合模，其中上模是阳模，下模是阴模，适用于树脂传递成型（RTM），纤维增强体或纤维编织预制件放在阴模上，覆模后将树脂注入模腔，然后加热加压固化成型。

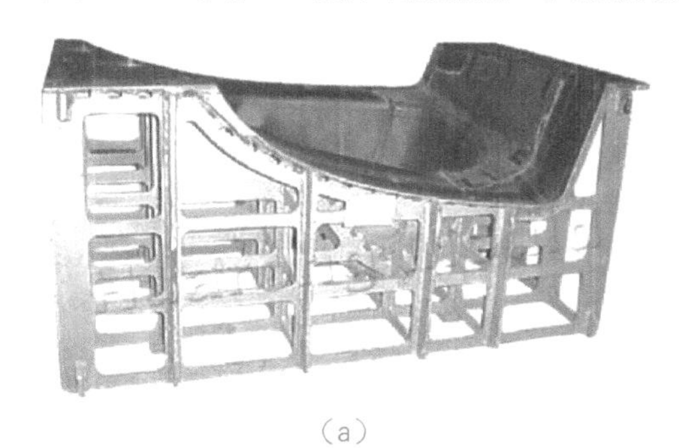

（a）

（b）

图5-2 两种复合材料模具

5.1 手糊成型

手糊成型是一种传统的复合材料成型方法，主要工作是用手工完成的，不需要专门的设备，所用的工具也非常简单，但要求有一个成型的模具。随着复合材料的应用领域不断扩大，如绿色能源领域的风力发电，就要用到大量的复合材料桨叶，而目前这种大尺寸或超大尺寸的复合材料制件，大多是用手糊成型制造的。此外，复合材料船舰主体，为了降低制造成本，也大多采用手糊成型。所以，手糊成型这种传统的成型工艺，正焕发出巨大的生命力，在复合材料成型中现在仍占有很大比例。但是随着复合材料工业的不断发展，机械化水平的日益提高，手糊工艺面临的挑战也越来越大。

手糊成型工艺过程是：先在模具上涂刷含有固化剂的树脂混合物，再在其上铺贴一层按要求剪裁好的纤维织物，用刷子、压辊或刮刀压挤织物，使其均匀浸渍并排除气泡后，再涂刷树脂混合物和铺贴第二层纤维织物，反复上述过程直至达到所需厚度为止。然后，通过抽真空或施加一定压力使制件固化（冷压成型），有的树脂需要加热才能固化（热压成型），最后脱模得到复合材料制品。其工艺流程与示意图如图5-3所示。

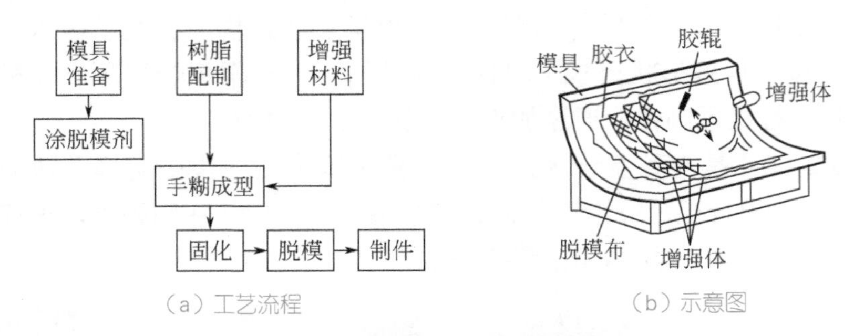

（a）工艺流程　　（b）示意图

图5-3　手糊成型工艺流程与示意图

手糊成型所用的树脂种类较多，如：环氧、酚醛、不饱和聚酯树脂、乙烯基酯树脂等。增强材料可以用玻璃纤维、碳纤维、芳纶纤维等。

手糊成型的优点：

① 不需复杂的设备，只需简单的模具、工具，投资少、成本低；

② 生产技术易掌握，人员只需经过短期培训即可进行生产；

③ 复合材料产品不受尺寸、形状的限制，如：大型游船、圆屋顶、水槽等均可；

④ 可与其他材料（如：金属、木材、泡沫等）同时复合制作成一体；

⑤ 对一些不宜运输的大型制品（如：大罐、大型屋面）皆可现场制作。

手糊成型的缺点：

① 不能用来制造高性能产品，生产效率低、速度慢、生产周期长，对于批量大的产品不太适合；

② 产品质量不够稳定，影响质量的因素较多，如操作人员技能水平、制作环境、气候变化等；

③ 生产环境差，气味大，加工时粉尘多，劳保非常重要。

手糊成型工艺的优点是其他工艺方法所不能替代的，其存在的缺点，须在操作过程中加以克服。

手糊成型工艺的主要优势是制造成本低，适用性广，能制造各种类型的产品，如风力发电的大型桨叶，目前大多用手糊成型制造。在建筑业的主要产品有波形瓦、冷却塔、装饰制品、座椅、门、窗、风机、风道、浴盆等。在交通行业的产品包括汽车车壳、机器盖、保险杠、大型旅游车外板、火车厢内板、火车门窗、火车卫生间等。在船舶制造业的应用包括各种船体，如游艇、交通艇、巡逻艇、救生艇、气垫船等以及舢板、水中浮标、灯塔等。化工行业包括油罐、酸罐、水泥槽内防腐衬层、钢罐内防腐层、管道等。

5.2 热压罐成型

热压罐成型是最早开发用于航空结构复合材料制造的一种技术，目前还在继续大量使用。特别是对于一些大尺寸和形状复杂的制件，采用整体化的共固化成型时，就要采用这种技术。

热压罐是一种能同时加热加压的专门设备，其主体是一个卧式的圆筒形罐体，同时配备有加温、加压、抽真空、冷却等辅助功能和控制系统，形成一个热压成型设备系统。为了适合制件不同尺寸的要求，按罐体内部空间的大小可分为小型、中型和大型。小型热压罐的罐体内径为0.5m，长度为2m左右，主要用于小制件的成型和教学示范。大型热压罐内径可达数米，长度达数十米，主要用于大尺寸和整体化部件成型。

热压罐的温度和压力是主要的性能指标。最大工作温度一般为250℃，高温热压罐要求到400℃，主要满足高温型树脂基复合材料的成型需要。最大工作压力至少要达到50个真空大气压。罐内温度和压力分布要均匀，能保证大尺寸和形状复杂的制件各点的加热加压均匀一致。

热压罐成型的工艺过程如下。

① 模具准备。模具要用软质材料轻轻擦拭干净，并检查是否漏气。然后在模具上涂布脱模剂。

② 裁剪和铺叠。按样板裁剪带有离型纸的预浸料，剪切时必须注意纤维方向，然后将裁剪好的预浸料揭去保护膜，按规定次序和方向依次铺叠，每铺一层要用橡胶辊等工具将预浸料压实，赶除空气，形成如图5-4(a)所示的坯件。

③ 组合和装袋，在模具上将预浸料坯料和各种辅助材料组合并装袋，应检查真空袋和周边密封是否良好，见图5-4(b)。

④ 热压固化，将真空袋系统组合到热压罐中，接好真空管路，关闭热压罐，然后按确定的工艺条件抽真空/加热/加压固化。

⑤ 出罐脱模，固化完成后，待冷却到室温后，将真空袋系统移出热压罐，去除各种辅助材料，取出制件进行修整。

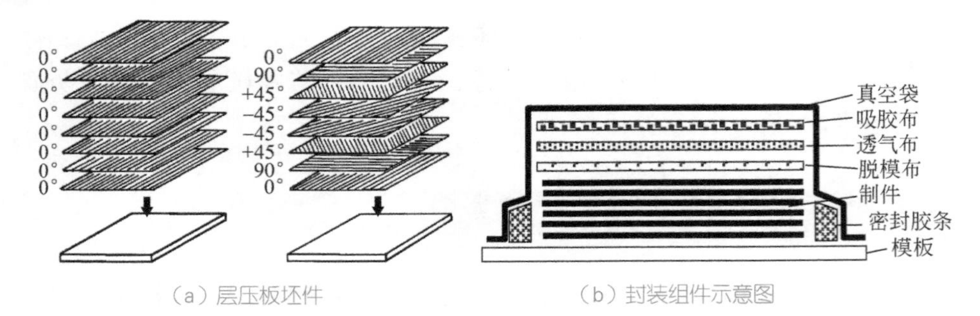

（a）层压板坯件　　（b）封装组件示意图

图5-4　层压板坯件与封装组件示意图

热压罐成型技术的要点在于如何控制好固化过程中的温度和压力与时间的关系，通常，制定一个复合材料产品成型的工艺路线要经过一系列的工艺性能试验，取得较完整的结果数据，最后再结合制件的具体要求，制定出合理的工艺规程，而且在实际生产过程中，工艺条件可根据情况作适当修改。热压罐的工作示意图与典型的热压固化周期如图5-5所示。

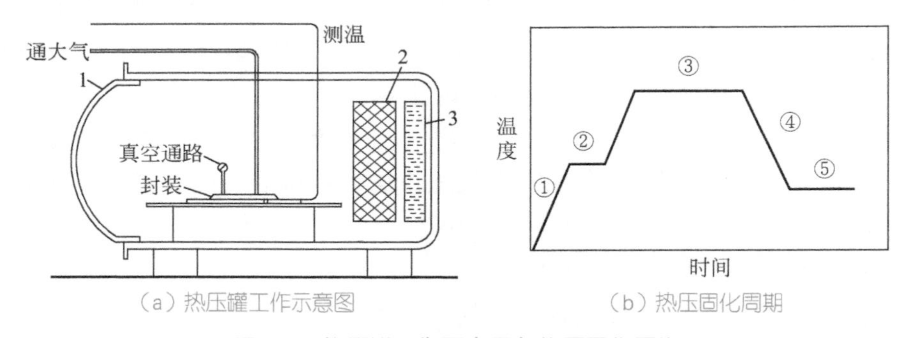

（a）热压罐工作示意图　　（b）热压固化周期

图5-5　热压罐工作示意图与热压固化周期

典型的热压罐固化工艺过程分5个阶段［见图5-5(b)］，每个阶段的技术要点说明如下。

① 升温阶段。要选择合理的升温速度，对于大制件，升温要慢，使整个制件受热均匀，2℃ /min是常用的升温速率。这个阶段主要用真空压力，视情况可施加一定压力。

② 吸胶阶段。实际上是一个中间保温阶段，对不同的树脂基体，保持的温度和时间有所不同，此阶段的主要目的是使树脂熔化，浸渍纤维，除去挥发物，并且使树脂逐步固化至凝胶状态。此阶段的成型压力为全压的1/3 ～1/2。使部分树脂流出，保证制件最后的树脂含量符合设计要求。

③ 继续升温阶段。经过吸胶阶段后，树脂基体已成半固化状态，溶剂

和低分子量挥发物充分排出，将温度升至固化温度。热固性树脂的固化反应是放热反应，固化过程中有热量放出，如升温速度过快，使固化反应速度急剧加快，热量集中地大量放出，将导致材料局部被烧坏，这种现象称为爆聚，必须避免。

④ 保温热压阶段。此时的温度是树脂固化的温度，树脂基体进一步固化，这一阶段要加全压，目的是使树脂在继续固化过程中，层片之间充分压实。从加全压到整个热压结束，称为热压阶段。而从达到指定的热压温度到热压结束的时间，称为恒温时间。热压阶段的温度、压力和恒温时间，是成型过程中的重要工艺参数，必须根据所用树脂基体的配方严格控制。

⑤ 冷却阶段。在一定保压的情况下，采取自然冷却或者强制冷却到一定温度或室温，然后卸压，取出产品。冷却时间过短，容易使产品产生翘曲、开裂等现象。冷却时间过长，对制品质量无明显帮助，但会使生产周期拉长。

此阶段也称后处理阶段，高温固化的制件，经过这一阶段在较低温度下保持一段时间，可以消除因高温固化所产生的制件内应力，防止卸压脱模后制件变形。

总之，固化过程中的各种工艺参数，要根据所用的树脂基体的特性来确定。在成型过程中，要对各种工艺参数进行严格的控制，才能得到高质量的制品。

热压罐成型仅用一个阴模或阳模，就可得到形状复杂、尺寸较大、高质量的制件。热压罐成型技术主要用来制造高端的航空、航天复合材料结构件，如直升机旋翼、飞机机身、机翼、垂直尾翼、方向舵、升降副翼、卫星壳体、导弹头锥和壳体等。

图5-6所示为美国雷神（Raytheon）公司于2001年初获FAA适航认证的“首相一号”（Premier Ⅰ）飞机的全复合材料机身段的制造过程，这个机身段采用预浸带自动铺放技术，4个工人仅用一周就完成了制造全过程。图5-6（a）是预浸带自动铺放情景，图5-6（b）是机身段即将进入热压罐固化的情景。“首相一号”飞机是目前最先进的轻型喷气式商务飞机，现在全球订货已超过400架。

热压罐成型现在仍然被大量用来制造高端航空航天复合材料，但设备投资大，成本较高。为了降低制造成本，提高生产效率，一种新的成型技术得到开发，这就是热压罐的共固化整体成型技术。

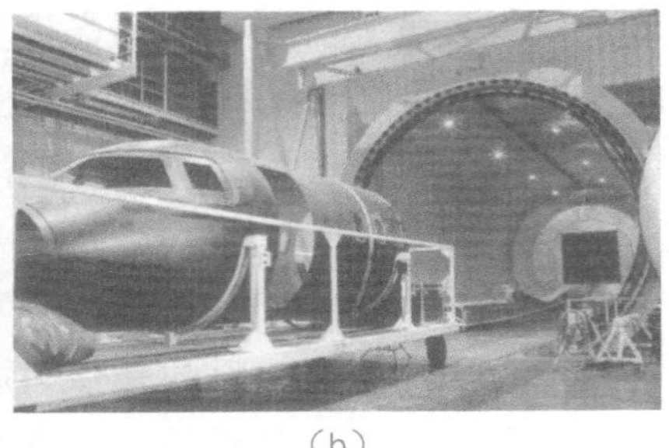

（a）　（b）

图5-6　美国雷神（Raytheon）公司的“首相一号”飞机的全复合材料机身段

共固化是实现复合材料制件整体化成型的一种重要方法。对飞机结构而言，是很典型的薄壁结构件，如承力机身蒙皮、机翼和操纵面蒙皮等，对稳定性上要求很严。虽然先进复合材料有较高的弹性模数，但是，在很多情况下，还需要额外加强。加强的方式无非是选用夹芯结构或选用不同横截面形状的桁条或加强筋直接加强（见图5-7），而后者就属于一种复合材料整体结构的成型。实际上夹芯结构（也叫夹层结构）也是一种典型的整体化成型结构，已有几十年的发展历史，属于复合材料整体成型结构的一个方面。

图5-7　几种典型的复合材料整体结构

用热压罐实现这种整体结构的成型就叫共固化（co-curing）或共胶接（co-bonding）。

共固化是将两个或两个以上的预成型件采用同一工艺规范一次固化成型为一个整体构件的工艺方法。这种方法一般要用相同的复合材料预成型件。

共固化最大的优点在于，与胶接共固化或二次胶接相比，只需要一次固化过程，不需要装配组件间的协调：就能得到结构整体性好的复合材料制件。

胶接共固化是将一个或多个已经固化成型的部件与另一个或多个尚未固化的预成型件通过胶黏剂进行固化并胶接成一个整体构件的工艺方法。

胶接共固化工艺在航空结构制造中应用比较普遍，其主要不足是与共固化相比，固化次数相对多了一次。

5.3 模压成型

模压成型工艺是复合材料生产中一种传统常用的成型方法。它是由普通的塑料制品模压成型演变而来的，是一种对热固性树脂和热塑性树脂都适用的纤维复合材料成型方法。模压成型基本过程是：将一定量经一定预处理的模压料放入预热的模具内，施加较高的压力使模压料填充模腔。在一定的压力和温度下使模压料固化，然后将制品从模具内取出，再进行必要的辅助加工即得产品（见图5-8）。

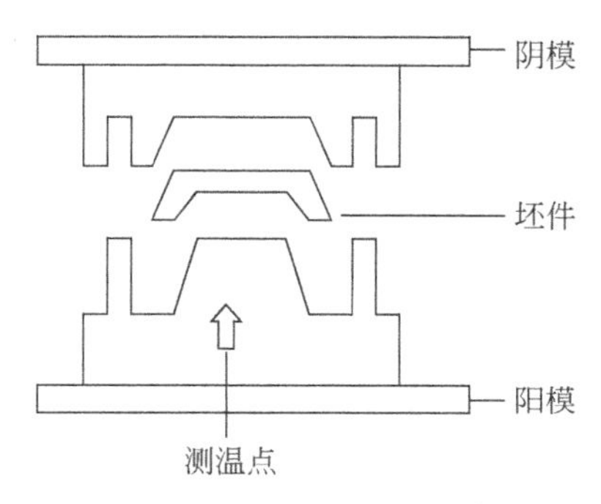

图5-8 模压成型工作示意图

模压成型工艺的主要优点如下：

① 生产效率高，便于实现专业化和自动化生产；

② 产品尺寸精度高，重复性好；

③ 制件表面光洁，无需二次修饰；

④ 能适合不同形状和尺寸的制品成型；

⑤ 可实现批量生产，价格相对低廉。

模压成型的不足之处在于模具制造复杂，模具的压机投资较大，制品尺寸受设备限制，一般只适合制造批量大的中、小型制品。

随着金属加工技术、压机制造水平及合成树脂工艺性能的不断改进和发展，压机吨位和台面尺寸不断增大，模压料的成型温度和压力也相对降低，使得模压成型制品的尺寸逐步向大型化发展，目前已能生产大型汽车部件、浴盆、整体卫生间组件等。

模压料的品种有很多，可以是预浸物料、预混物料，也可以是坯料。

当前所用的模压料品种主要有：预浸布、纤维预混料、片状模塑料（sheet molding compound，SMC）、块状模塑料（bulk molding compound，BMC）、团状模塑料（dough molding compound，DMC）、高强模塑料（high strength molding compound，HMC）、厚层模塑料（thick molding compound，TMC）等品种。

模压成型工艺流程如图5-9所示。

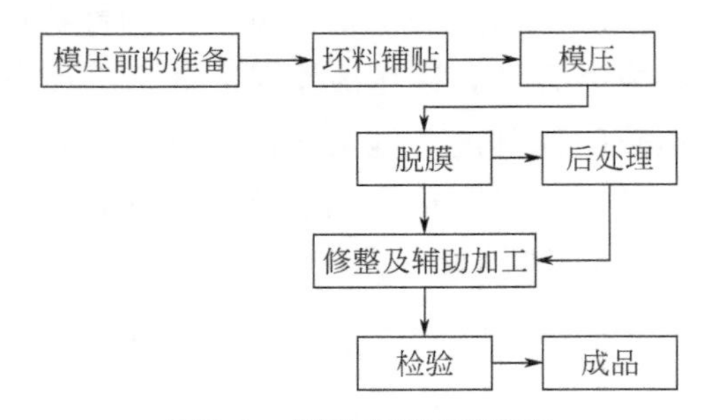

图5-9　模压成型工艺流程

主要工序的要求说明如下。

① 模压前的准备。首先是模具准备，包括模具检查和装配，涂脱模剂，预热等。再就是模压工艺参数确定，如升温速度、固化温度、加压时机、最大压力、保压时间、冷却速度、开模温度等，要在正式操作之前决定好。

② 坯料铺贴。对于不同尺寸的模压制品要进行装料量的估算，以保证制品几何尺寸的精确，防止物料不足造成废品，或者物料损失过多而浪费材料。层压片料可直接在模上铺贴，要注意纤维方向，每层要压实，排除气泡。

③ 模压。将装有坯实的模具放入热压机中，按规定的工艺条件实行加热加压，完成制件固化。

④ 脱模及后处理。模具冷却到一定温度后可开模取出制件，要检查制件质量，包括外形、尺寸、表面质量等。已脱模的制品要放在烘箱内在较高温度下进一步加热固化一段时间进行后处理，目的是保证制件完全固化，提高制品尺寸稳定性和除去制品中的内应力。热处理温度随制品壁厚而定。

5.4 纤维缠绕成型

纤维缠绕是一种复合材料连续成型方法，基本方法是将浸过树脂胶液的连续纤维或布带，按照一定规律缠绕到芯模上，然后固化脱模成为复合材料制品（见图5-10）。这种方法主要用来制造圆形管道、压力罐、贮存罐等旋转对称形状的产品。其特点是成型过程连续，一次性完成；制品形状和尺寸都能得到保证，在直径方向的强度高。但需要专门的缠绕机器和辅助设备，生产成本较高。

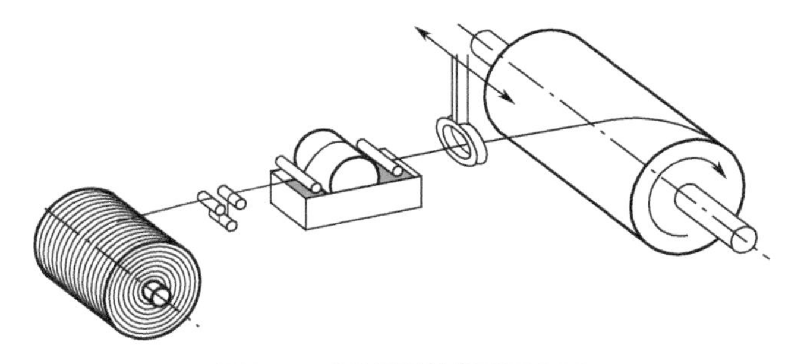

图5-10 纤维缠绕成型示意图

根据纤维缠绕成型时树脂基体的物理化学状态不同，分为干法缠绕、湿法缠绕和半干法缠绕三种。

① 干法缠绕。干法缠绕是采用经过预浸胶处理的预浸纱或带，在缠绕机上经加热软化至黏流态后缠绕到芯模上。由于预浸纱（或带）是专业生产的，能严格控制树脂含量（精确到2%以内）和预浸纱质量。因此，干法缠绕能够准确地控制产品质量。干法缠绕工艺的最大特点是自动化程度高，生产效率高，缠绕速度可达100～200m/min，缠绕机清洁，劳动卫生条件好，产品质量高。其缺点是缠绕设备贵，需要增加预浸纱制造设备，投资较大。此外，干法缠绕制品的层间剪切强度较低。

② 湿法缠绕。湿法缠绕是将纤维集束（纱式带）浸胶后，在张力控制下直接缠绕到芯模上。湿法缠绕的优点如下。

a．成本比干法缠绕低40%；

b．产品气密性好，因为缠绕张力使多余的树脂胶液将气泡挤出，并填满空隙；

c．纤维排列平行度好；

d．湿法缠绕时，纤维上的树脂胶液，可减少纤维磨损；

e．生产效率高（达200m/min）。

湿法缠绕的缺点为树脂浪费大；操作环境差；含胶量及成品质量不易控制。

③ 半干法缠绕。半干法缠绕是纤维浸胶后，到缠绕至芯模的途中，增

加一套烘干设备，将浸胶纱中的溶剂除去，与干法相比，省却了预浸胶工序和设备；与湿法相比，可使制品中的气泡含量降低。

以上三种缠绕成型中，以湿法缠绕应用最为普遍；干法缠绕仅用于高性能、高精度的航空航天的高端技术领域。

在缠绕成型中，根据纤维（或带）缠绕的方式可分为环向缠绕、螺旋或交叉缠绕和极向缠绕。

① 环向缠绕（hoop winding）。它的工作原理如图5-11所示。缠绕过程中芯模绕自身轴线匀速旋转，绕丝嘴沿芯模筒体轴线平行方向移动，芯模每转一周，绕丝嘴移动一个纱片宽度的距离，如此循环下去，直到纱片均匀地布满芯模筒体段表面为止。环向缠绕只能在筒身段进行，只提供环向强度。环向缠绕的缠绕角（纤维方向与芯模轴的夹角）多在85°～90°之间，主要由带宽决定。环向缠绕最适合于制造环向压力较大的管道的罐体。

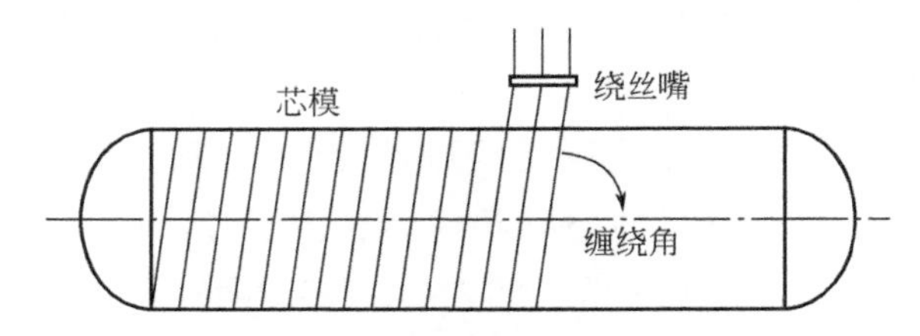

图5-11　环向缠绕工作原理示意图

② 螺旋或交叉缠绕（helical winding）。它是用得较多的缠绕模式，用来制造圆柱零件。通常其缠绕角大于45°，螺旋缠绕的特点是：芯模绕自身轴线均匀转动，绕丝嘴沿芯模轴线方向按缠绕角所需要的速度往复运动。螺旋缠绕的基本线型是由封头上的空间曲线和圆筒段的螺旋线所组成的（见图5-12）。螺旋缠绕纤维在封头上提供经纬两个方向的强度，在筒身段提供环向和纵向两个方向的强度。

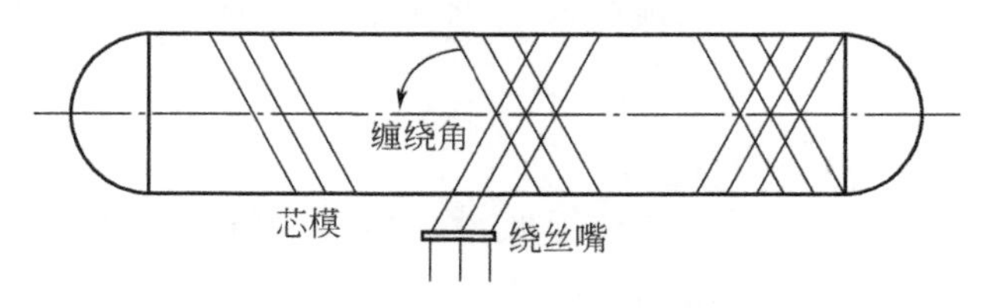

图5-12　螺旋缠绕工作原理示意图

③ 极向缠绕。有时也叫纵向缠绕或平面缠绕。缠绕时，缠绕机的绕丝嘴在固定的平面内作匀速圆周运动，芯模绕自身轴线慢速旋转，绕丝嘴每

转一周，芯模旋转一个微小角度，相当于芯模表面上一个纱片宽度。纱片与芯模轴的夹角称为缠绕角，其值小于25°。纱片依次连续缠绕到芯模上，各纱片均与两极孔相切，各纱片依次紧挨而不相交。纤维缠绕轨道近似为一个平面单圆封闭曲线。极向缠绕工作原理如图5-13所示。

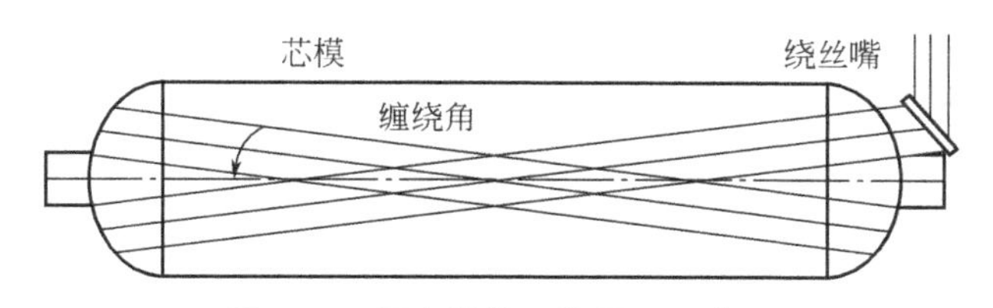

图5-13　极向缠绕工作原理示意图

上述三种缠绕方式，都是通过芯模与绕丝嘴作相对运动完成的。如果纤维是无规则地乱缠，势必出现纤维在芯模表面离缝或重叠，以及纤维滑线不稳定的现象。显然，这是不能满足产品设计要求和使用要求的，因此，要求芯模与绕丝嘴应按一定的规律运动，能满足如下两点要求：

① 纤维既不重叠又不离缝，均匀连续缠满芯模表面；

② 纤维在芯模表面位置稳定不打滑。

纤维在芯模表面满足上述条件的排布规律，以及为实现排布规律，导丝头与芯模的相对运动关系，就是缠绕规律（亦叫线型）。缠绕规律是保证缠绕制品质量的重要前提，是产品设计的重要依据，同时又是缠绕设备设计的依据。

5.4.1　缠绕工艺材料

用于纤维缠绕成型的材料主要有增强纤维，以丝束或纱带的形式提供，而干法缠绕使用的材料是经过预浸胶处理的预浸纱或预浸带，是这两种材料预先的组合形式。

（1）纤维

最常用的纤维包括玻璃纤维、碳纤维和芳纶纤维。纤维的基本单位是单丝，并由其组成原丝、纤维束和粗纱。以玻璃纤维为例，一根原丝由200根单丝组成。玻璃纤维的粗细用特克斯（tex）数来区分，tex数指1000m粗纱的克数。芳纶纤维也通过类似的方法来区分，其采用dtex数，它是指10000m粗纱的克数。

碳纤维常被称为纤维束，而不是粗纱。它的粗细用K数来区分，K数表示一根纤维束中单丝的数量。例如，24K表示一根纤维束包含24000根单丝。缠绕成型用的粗纱或纤维束由外部的一个硬纸筒放卷。

（2）树脂基体

树脂基体是指树脂和固化剂组成的胶液体系。缠绕制品的耐热性、耐化学腐蚀性及耐自然老化性主要取决于树脂性能，同时对工艺性、力学性能也有很大影响。其基本要求如下。

① 适用期要长，为了保证能顺利地完成缠绕过程，胶液的凝胶时间应大于4h。

② 树脂胶液的流动性是保证纤维被浸透、含胶量均匀和纱片中气泡被排出的必要条件，缠绕成型胶液的黏度应控制在0.35 ～ 1.0Pa · s。

③ 树脂基体的断裂伸长率应和增强材料相匹配，不能太小。

④ 树脂胶液在缠绕过程中毒性要小，固化后的收缩率要低。

环氧树脂、乙烯基酯树脂、不饱和聚酯树脂是缠绕成型最常用的热固性基体。聚酯通常用于成型次要部件，乙烯基酯树脂用于对耐化学性要求高的产品，而环氧树脂一般用于成型结构件。

成型纤维含量高的缠绕产品需要高性能的树脂，以维持一些主要依赖于树脂的性能，如剪切强度和冲击性能。

5.4.2 纤维缠绕工艺技术要点

缠绕工艺一般由下列工序组成：胶液配制、纤维的烘干处理、芯模或内衬制造、浸胶、缠绕、固化、检验、修整、成品。合理地选择缠绕工艺参数，是充分发挥原材料特性、制造高质量缠绕复合材料制品的重要条件。影响缠绕复合材料制品性能的主要工艺参数有：玻璃纤维的烘干和热处理、玻璃纤维的浸胶、缠绕速度、环境温度等。这些因素彼此之间互相联系，在制定一个制品的工艺参数时必须综合考虑。

（1）纤维的烘干和热处理

纤维表面如果含有水分，不仅影响树脂基材与纤维之间的粘接性能，同时将引起应力腐蚀，使微裂纹等缺陷进一步扩展，从而引起制品的强度和耐老化性能下降。因此玻璃纤维在使用前最好经过烘干处理，通常，无捻纱在60 ～ 80℃烘干24h。

（2）纤维浸胶含量

纤维浸胶含量的高低及其分布对制品性能影响很大，直接影响制品的重量及厚度；含胶量过高，缠绕制品的复合强度降低；含胶量过低，制品里的纤维空隙率增加，使制品的气密性、防老化性能及剪切强度下降，同时也影响纤维强度的发挥，因此纤维浸胶过程必须严格控制；必须根据制品的具体要求决定含胶量。

玻璃纤维缠绕制品的含胶量一般25%～30%（质量分数）。

纤维含胶量是在纤维浸胶过程中进行控制的。浸胶过程是将树脂胶液涂覆在增强纤维表面，之后胶液向增强纤维内部扩散和渗透，这两个阶段是同时进行的。通常采用浸渍法和胶辊接触法。浸渍法通过胶辊或刮刀的压力大小来控制含胶量。胶辊接触法通过调节刮刀与胶辊的距离，以改变胶辊表面胶层的厚度来控制含胶量。

（3）缠绕张力

缠绕张力是缠绕工艺的关键技术，张力大小、各束纤维间张力的均匀性，及各缠绕层之间的纤维张力的均匀性，对制品的质量影响极大，包括制品力学性能、制品密实度、制品含胶量等。

（4）缠绕速度

缠绕速度通常是指纤维缠绕到芯模上的速度，应控制在一定范围内，缠绕速度过小，生产效率低；而缠绕速度过大，芯模转速很高，有时出现树脂胶液在离心力作用下从缠绕结构中向外迁移和溅洒的可能，造成制品树脂分布不均。

（5）缠绕制品的固化

固化工艺参数是保证缠绕制品充分固化的重要条件，直接影响缠绕制品的性能及质量，加热固化可提高化学反应速度，缩短固化时间和生产周期，提高生产效率。加热固化比常温固化的缠绕制品强度至少可提高20%～30%。在制定固化工艺参数时，应根据所用树脂基体的特性、制件的大小和形状等因素进行优化确定。

5.4.3 纤维缠绕成型的应用

应用于军工和空间技术方面的复合材料缠绕制品，要求精密、可靠、质量轻及经济等，纤维缠绕制品在航空、航天及军工方面的应用实例有：固体火箭发动机壳体、固体火箭发动机烧蚀衬套、火箭发射筒、鱼雷仪器舱、飞机机头雷达罩、氧气瓶（机载）、直升机的旋翼、高速分离器转筒、天线杆、点火器、波导管、航天飞机的机械臂等。

在这些产品中，最具代表性的是火箭发动机壳体，例如，我国长征火箭发动机壳体，均用纤维缠绕玻璃钢取代合金钢，质量减轻45%，射程由1600km增加到4000km，生产周期缩短了1/3，成本大幅降低，仅为钛合金的1/10。

在民用品方面，纤维缠绕制品的优点，主要表现在轻质高强、防腐、耐久、实用、经济等方面，已开发应用的产品有：高压气瓶（煤气、氧气）、输水工程防腐管道及配件、各种尺寸和性能贮罐、电机绑环及护环、风机叶片、跳高运动员用的撑杆、船桅杆、电线杆；贮能飞轮、汽车板簧及传动轴、纺织机剑杆、绕丝筒、羽毛球及网球球拍、磁选机筒等。

最具代表性的民用缠绕制品是玻璃钢管、罐。它具有一系列优点：耐化学腐蚀；摩擦阻力小，可降低能耗30%左右；质量轻，为同口径钢管质量的1/3 ~1/5；能生产2 ~ 4m大口径管（而球墨铸铁管的最大口径为1m）；施工安装费用比钢管低15% ~ 50%；中国生产的直径15 ~ 20m、容积1000m^{3}以上的大型立式贮罐，已在工程中实际应用，性能良好。

各种缠绕成型的复合材料制品实例见图5-14。

（a）M15导弹壳体

（b）压力容器

（c）碳纤维自行车框架

（d）正在缠绕的大型玻璃钢管

（e）碳纤维复合材料轮壳

图5-14　纤维缠绕成型的复合材料制品实例

5.5 树脂传递成型及派生技术

用热压罐成型工艺来制造先进树脂基复合材料，由于设备投资大，能耗高，成本一直居高不下，成为制约复合材料进一步推广应用的主要因素，因而一类新型的成型方法得到发展，这就是复合材料液体成型技术（liquid composite molding，LCM），也可称之为湿法成型技术。

液体成型的基本原理就是将纤维增强体直接与树脂液体进行复合后，再固化成复合材料制件。较传统的湿法纤维缠绕也可归为这类成型技术，但与新型的液体树脂成型还有概念上的差别。实际上，液体树脂成型所用纤维增强体是以预成型件的形式提供的，也就是纤维预先通过编织或缝合等方式制成预型件或预型体，放入模具的形腔内，再将液体树脂注入与之复合，在模腔内固化成型，得到所需要的复合材料制件。这与纤维缠绕直接采用纤维丝束或纤维带缠绕到芯模上是不相同的，纤维缠绕大多用来制造对称的旋转体，而液体树脂成型几乎可以用来制造任何形状的复合材料制件。

在液体树脂成型这一类技术中，最有代表性和应用得最多的是树脂传递成型（resin transfer molding，RTM）以及在此基础上发展起来的派生技术。

RTM的派生技术主要有以下几种。

① 传统RTM。成型时闭合模具，向预制件中注入树脂，注射压力约为0.7～1.4MPa，所得产品的纤维积含量约为20%～45%。

② 真空辅助RTM（vacuum assisted RTM，VAETM）。在注入树脂时采用真空将树脂导入模腔，树脂分布较均匀，制品孔隙较少，纤维体积含量可提高到50%～60%。

③ 橡胶辅助RTM（rubber assisted RTM，RARTM）。采用热膨胀系数较大的高温型橡胶制成模具，在加温过程中对预型件施加压力并抽真空，使树脂在真空作用下被吸入预制件中，产品的纤维体积含量可达60%以上。在成型整体化制件或具有内部形腔的制件时，要使用橡胶模具从制件内部进行加压。

④ 树脂真空浸渍法（vacuum infusion process，VIP）。利用真空将树脂吸入预制件中进行纤维浸润，产品的纤维体积含量可达60%左右。

⑤ 西曼树脂浸渍模塑（seeman composites resin infusion molding process，

SCRIMP)。下模用刚性模，而上模则采用真空袋，利用真空袋使树脂加压浸渍，浸渍速度快，面积广。树脂在预制件的厚度方向也能充分浸渍，但必须使用真空袋和软面模具。节约了模具成本，适合于大尺寸制件，如船体的成型。

⑥ 树脂渗透浸渍（resin film infusion，RFI）。采用干态树脂膜或树脂块置入纤维增强体下面，再一起放入模腔中，通过加热使树脂熔融由下至上浸渍纤维，最后在模腔中固化成型，这种方法也适合热塑性复合材料的成型制造。

⑦ 轻质RTM（L-RTM）。主要是在真空袋的基础上进行的改进，上模采用厚度小的半刚性的复合材料模代替真空袋。加压过程中，柔性模能很好地铺敷在制件上，均匀加压。特点是模具可以多次使用，适合批量生产的制件的制造。

与其他传统复合材料成型技术相比，RTM的优点在于：能够制造高质量、高精度、低孔隙率、高纤维含量的复杂复合材料构件，一般能获得光滑的双表面，产品从设计到投产时间短，生产效率高。RTM模具和产品可采用CAD进行设计，模具制造容易，材料选择广，可多次使用。RTM成型的构件与易于实现局部增强以及局部加厚，带芯材的复合材料能一次成型。RTM成型过程中挥发分少，有利于安全生产和环境保护。

5.5.1 RTM的工作原理及特点

RTM是利用低黏度树脂在闭合模具中流动浸润增强材料并最后固化成型的一种技术，其工作原理和工艺流程由图5-15所示，由树脂和催化剂计

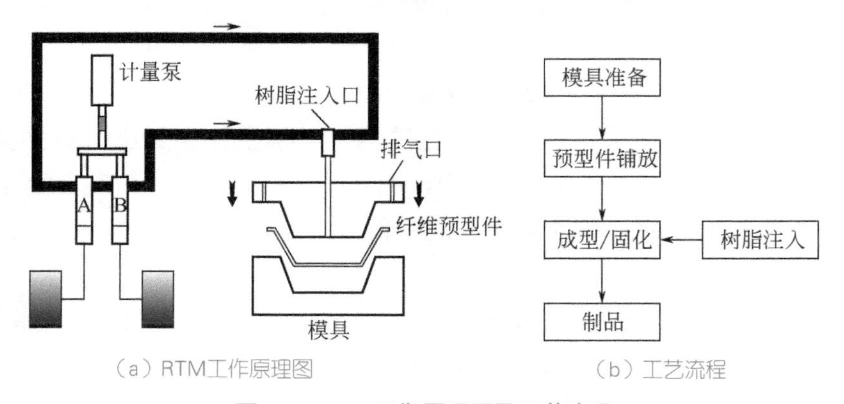

（a）RTM工作原理图　　（b）工艺流程

图5-15　RTM工作原理图及工艺流程

量泵按配比输出的带压液体在静态混合器中混合均匀，并注入已合理铺放好预成型增强体的闭合模中，模具需有周边密封和紧固，并保证树脂流动顺畅，然后进行固化。

由RTM工艺原理及过程可看出，RTM成型工艺具有以下主要特点。

① RTM是一种闭模成型工艺，增强体与树脂的浸润是由带压树脂在密闭的模腔中快速流动而完成，而非手糊和喷射工艺中的手工浸润，也非预浸料工艺和SMC工艺中的昂贵机械化浸润，是一种低成本、高质量的半机械化纤维/树脂浸润方法。

② RTM成型工艺，采用了与制品形状相近的增强材料预成型体技术，纤维/树脂的浸润一经完成后即可进行固化，因而可采用低黏度快速固化树脂体系，并可对RTM模具加热，进一步提高生产效率和产品质量。

③ RTM成型工艺中的增强材料预成型体，可由短切毡、纤维布、无皱褶织物、三维针织物以及三维编织物等制备，并可根据性能要求进行择向增强、局部增强、混杂增强以及采用预埋及夹芯结构，可充分发挥复合材料的性能可设计性。

④ RTM由于采用多维的纤维编体或缝合体，改善了由预浸料层压而得到的复合材料的层间强度低的问题。

⑤ RTM成型工艺的闭模树脂注入方法可极大地减少树脂的挥发成分和溶剂的排出量，有利于安全生产和环境保护。

⑥ RTM成型工艺一般采用低压注射工艺（注射压力＜$4kg/cm^2$），有利于制备大尺寸、复杂外形、两面光的复杂整体结构。

由上述RTM成型工艺特点以及与其他成型工艺的比较可看出，RTM工艺的生产效率及经济性介于低效率、低成本成型工艺和高效率、高成本成型工艺之间。对于大尺寸和形状复杂的制件，模具的设计和制造非常重要。

5.5.2 RTM成型使用的材料

RTM成型使用的材料主要是树脂基体和纤维增强体。由于RTM工艺的特点，对原材料特别是对树脂基体有不同于其他工艺的要求。而对于纤维增强体，一般都要采用预型件，预型件的制备主要有二维和三维编织、缝合、针织等。编织预型件要使用专门的自动化程度高的编织设备，可以编织出不型同形状和大小的预型件，成为RTM工艺的重要组成部分。

（1）树脂体系

大多数热固性树脂都可用于RTM成型，如：环氧树脂、酚醛树脂、聚酰亚胺树脂、氰酸酯树脂、聚氨酯树脂、不饱和聚酯树脂或聚氨酯/不饱和聚酯混合物及热固性丙烯酸酯树脂等热固性树脂等。对树脂的要求主要有以下几方面。

① 要有高的胶接强度，制品具有良好的力学性能、高强、高模和高韧性。

② 工艺性能好，在室温或工作温度下具有低的黏度（一般为0.5～1.5Pa・s）及一定的适用期。低黏度意味着树脂在纤维介质中易于流动，特别是在高纤维含量时仍能渗透并浸润纤维，而不需要太大的压力，从而可以避免模具的变形和纤维的滑移。

③ 对增强材料具有良好的浸润性、匹配性、黏附性，能顺利、均匀地通过模腔、浸透纤维，并快速充满整个模具型腔。

④ 在固化温度下具有良好的反应性且后处理温度不能太高，固化中和固化后不易发生裂纹，固化放热低，以避免损伤模具；固化时间短，凝胶时间一般为5～30min，固化时间不超过60min；固化收缩率低，固化时无低分子物析出，气泡能自身消除。

对于航空航天高端复合材料结构，大多采用环氧树脂，为了提高制件的使用温度，也正在研发和应用新型双马树脂（BMI）和聚酰亚胺树脂（PI），以满足复合材料的耐高温的要求。

（2）纤维增强预成型件

RTM的纤维增强体是以各种形状的预型件提供的，预型件是将纤维预先制成一定的结构形状和尺寸，放置于模具形腔中，用树脂注入成型。预型件的纤维材料、构形和编织方式对复合材料的力学性能影响很大。

制备纤维预型件的主要方法有以下几种。

① 编织。编织是一种基本的纺织工艺，能够使两条以上的纱线在斜向或纵向互相交织形成形状复杂的整体结构预型件。但其尺寸受设备和纱线尺寸的限制。在航空工业，目前该技术主要集中在编织的设备、生产和几何分析上，最终的目的是实现完全自动化生产，并将设备和工艺与CAD/CAM进行集成。该工艺技术一般分为两类，一类是二维编织工艺，另一类是三维编织工艺。

二维编织（2D braiding）工艺能用于制造复杂的管状、凹陷或平面零件的预成型体，它的研究主要集中在研发自动化编织机来减少生产成本和扩大应用范围，关键技术包括质量控制、纤维方向和分布、芯轴设计等。该技术通常与RTM和RFI技术结合使用，另外也可以与挤压成型和模压成型联合使用。在航空工业的应用包括制造飞机的进气道和机身J型隔框。其应用水平在洛克希德·马丁公司生产F-35战斗机进气道制造中最能体现其先进性，加强筋与进气道壳体是整体结构，减少了95%的紧固件，提高了气动性能和信号特征，并简化了装配工艺。

为了克服二维编织厚度方面强度低的问题，开发了三维编织技术，为制造无余量预成型体提供了可能，但是该技术同样受到设备尺寸的限制。

三维编织（3D braiding）是一种新型的复合材料制造技术，用三维编织与RTM结合制造的复合材料，在航空结构上得到越来越多的应用，已发展成为先进树脂基复合材料的主要制造技术之一。三维编织复合材料首先利用三维编织技术，将纤维束编织成所需要的结构形状，形成预型件，然后以预型件作为增强骨架进行浸胶固化而直接制成三维编织树脂基复合材料，也可利用预型件制成三维编织碳基、陶瓷基、金属基复合材料等。三维编织技术、三维编织复合材料制造及其应用研究多年来一直是国内外整体化复合材料结构的研究热点，图5-16所示为三维编织技术以及一些典型的碳纤维预型件。

图5-16 三维编织及部分碳纤维编织预型件

三维编织需要专门的自动化编织机，通过CAD/CAML软件对纤维束排列布局的设计、编织工艺过程的动态模拟，可实现三维异型整体机织的自动化，提高三维编织复合材料的质量和生产率，加速三维异型整体编织复合材料的发展和推广应用。目前三维编织技术在飞机和发动机结构上得到了应用，如飞机的T型框、带加强筋的壁板、发动机安装架等，最先进的是在Scramjet发动机原型机上应用了三维编织蜂窝夹芯制造的复合材料燃烧室，材料为陶瓷基复合材料，是采用三维编织形成整体燃烧室结构，解决了由一般制造方法带来的连接和泄漏问题。

目前，三维编织复合材料在航空航天已得到越来越多的应用，如举例如下。

a．高性能轻质结构复合材料，如火箭、卫星、飞机、船艇、汽车、风力发电机叶片等结构中的梁、框、桁、筋、轴、杆等部件。

b．高温功能结构材料，包括陶瓷基、金属基、碳基等复合材料，用于发动机热端部件、火箭（导弹）头锥、喷管、喉衬、飞机刹车片等。

c．可作为防护材料，如防弹材料、装甲等。

此外，通过RTM或其他液体树脂成型工艺，三维编织可方便地与其他结构件实现共固化的整体成型，不仅提高了产品整体性能和质量，还简化了成型工艺，有效地降低了生产成本。

图5-17所示为用编织预型件与RTM成型的飞机复合材料构件。

（a）二维编织复合材料机身段

（b）三维编织复合材料直升机起落架

图5-17　用编织预型件与RTM成型的飞机复合材料构件

② 缝合技术（stitching）。缝合织物增强体是采用高性能纤维将多层二维纤维织物缝合在一起，放置于模具形腔中，注入树脂后再经固化而得到复合材料制件。它通过引用贯穿厚度方向的纤维来提高抗分层能力，增强层间强度、模量、抗剪切能力、抗冲击能力、抗疲劳能力等力学性能，从而满足结构件的性能需求。

美国NASA首先利用缝合技术成功地制造出复合材料机翼，其中采用的是波音公司开发的28m长的缝合机制造的飞机机翼蒙皮复合材料预成型体。该缝合机能够缝合超过25mm厚的碳纤维层，缝合速度达3000针/min。除了缝合蒙皮预成型体外，还可缝合加强筋。缝合预型件采用树脂膜渗透成型技术进行热压固化。这样生产出的结构件相对于同样的铝合金零件重量减少25%，成本降低20%。

在欧洲，EADS公司也开发了该技术，利用该技术首先制造的零件是A-380后机身压力隔框，该材料为干态碳纤维预成型体，比黏性的预浸料更易处理。每片复合材料使用自动缝合机连接在一起，可靠性和可重复性好。采用的缝合机将几种长度的碳纤维织物并排铺放在长和宽都为8m的台面上。缝合头由一个金属横梁带着前后移动，曲形针缝合材料的速度达到每分钟100针。这种特殊的曲形针能够实现单边缝合，因而可以连接任何长度的材料。连接后的后压力隔框板成为一块“毯子”。接着，“毯子”放在一个模具上被卷起来再铺开，看起来像一个倒扣的大碗，为了获得必要的强度，6块这样的“毯子”按不同方向交替铺叠，再缝合在一起形成预型件的叠层结构，然后将这种纤维预型件和树脂膜一起放在热压罐里，在真空状态下加热加压熔化树脂膜，渗透到纤维预型件中最后固化成复合材料制件。

缝合复合材料具有良好的层间性能，成本低，效率高，且可设计。缝合还可代替复合材料传统的机械连接方法，从而提高整体性能。因此有望用于大型整体复杂结构件的制造，特别是可用于大型军用运输机的机体结构，减轻重量和降低成本。该技术的关键技术包括：专用设备的研制以及缝合工艺。

图5-18和图5-19分别为缝合技术制备的增强纤维预型件及大型纤维预型件缝合机和用缝合预型件/RFI技术制备的机翼蒙皮。

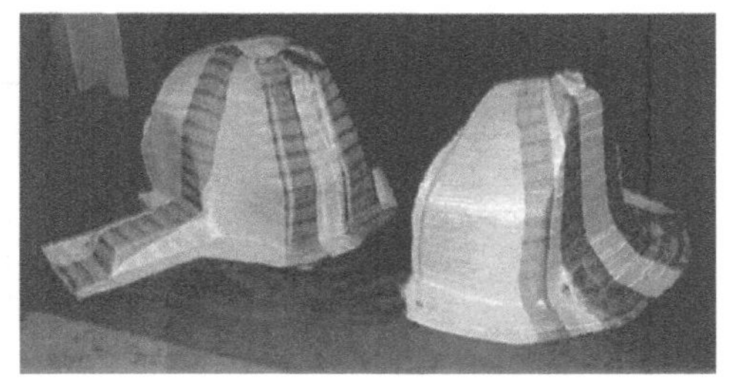

图5-18 缝合技术制备的增强纤维预型件

③ 穿刺。穿刺（Z-pin）是结构三维加强的一种简单方法，它比三维编织或三维缝合简单。但是它不能用于制造三维纤维预型件。这个工艺是利用细的插销从Z向在固化前或固化时插入二维的碳纤维环氧复合材料层板中，从而获得三维增强复合材料结构。Z向插销可以是金属材料（一般是钛

（a）大型纤维预型件缝合机

（b）用缝合预型件和RFI制造的机翼蒙皮

图5-19　用缝合预型件/RFI技术制备的机翼蒙皮

合金），也可采用非金属材料（一般采用碳纤维环氧复合材料）。将插销插入的方式有两种，一是采用真空袋热压的方法（见图5-20），二是采用超声技术（见图5-21）。真空袋热压法更适合于相对大或无障碍部位进行Z向结构加强，而超声法则对难以到达的部位或局部需要Z向加强的结构部位更为有效。另外，超声法还可利用金属插销插入已固化的复合材料中实现分层复合材料的修理。

穿刺技术与缝合技术的出现和应用极大地改进了复合材料的断裂韧性，意味着复合材料能够承受更高冲击强度和剥离应力。例如，Z向增强技术已用于GE90发动机风扇叶片，对强度要求的部位进行加强。在飞机上，该技

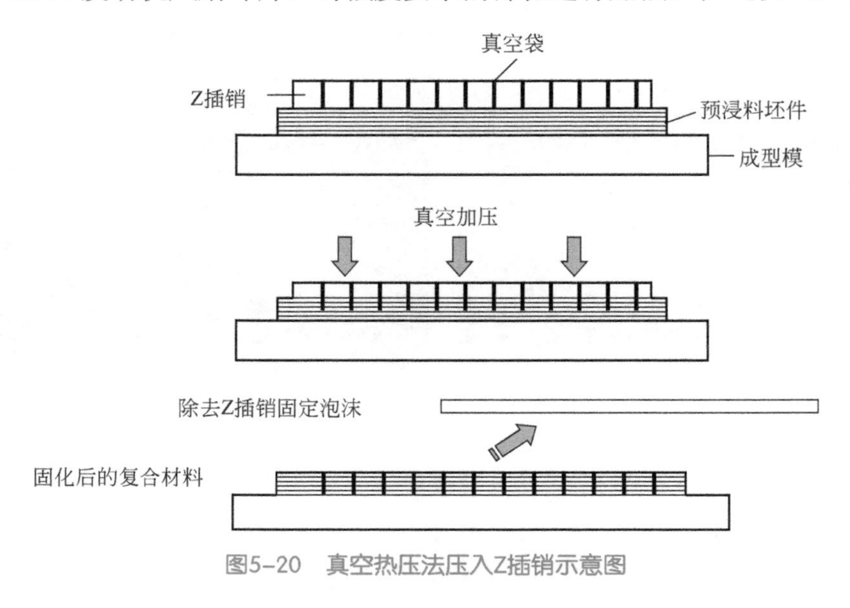

图5-20　真空热压法压入Z插销示意图

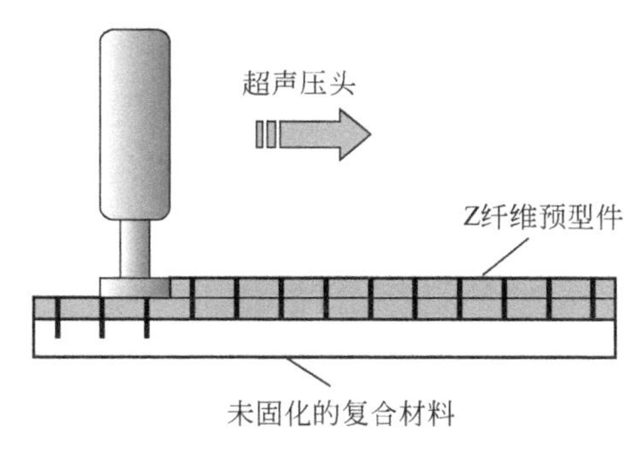

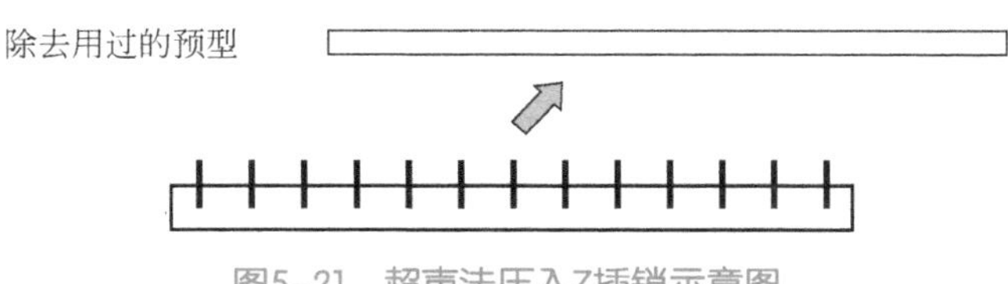

图5-21 超声法压入Z插销示意图

术用于泡沫夹芯蒙皮结构，是传统上采用的铝蜂窝结构的挤压强度的3倍。该技术比缝合技术更具发展潜力，主要是因为其节省了高成本的缝合机，尺寸不受限制，特别是能够进行局部结构的加强，因此是未来飞机机体应用的关键技术。

④ 针织。针织（knitting）用于复合材料的增强结构始于20世纪90年代。由于它的方向强度、冲击抗力较机织复合材料好，且针织物的线圈结构有很大的可伸长性，因此易于制造非承力的复杂形状构件。目前国外已生产出了先进的工业针织机，能够快速生产复杂的近无余量结构，而且材料浪费少。用这种方法制造的预成型体可以加入定向纤维有选择地用于某些部位增强结构的力学性能。另外，这种线圈的针织结构在受到外力时很容易变形，因此适于在复合材料上形成孔，比钻孔具有很大优势。但是它较低的力学性能也影响了它的广泛应用。

⑤ 经编。针织在航空航天工业领域的应用很有潜力。而采用经向针织技术，并与纤维铺放概念相结合，制造的多轴多层经向针织织物一般称为经编织物（warp knitting）。这种材料由于不弯曲，因此纤维能以最佳形式排列。经编技术可以获得厚的多层织物且按照期望确定纤维方向，由于不需要铺放更多的层数，极大地提高了经济效益。国外目前已经能够在市场上获得各种宽幅的玻璃和碳纤维经编织物。这种预型件有两个优点：一是与其他纺织复合材料预成型体相比成本更低；二是它有潜力超过传统的二

维预浸带层压板，因为它的纤维是直的，能够在厚度方向增强从而提高材料的层间性能。但是目前限制其应用的主要原因是原材料成本高以及市场化程度不够。国外航空航天工业部门正在研究将这种技术用于次承力和主承力构件，已经在飞机机翼桁条和机翼壁板上进行了验证，预计未来将在飞机制造中广泛应用。

针对以上预成型体制造技术，国外近年来还开展了多种研究，如美空军实施复合材料结构斜织预型件的开发计划，取消铺层工序，以降低加工整体复合材料结构的复杂程度及成本。

5.5.3 RTM工艺过程

RTM的工艺过程大致可分为：模具准备、预型件铺放、注入树脂、固化/成型、制件后处理等几道工序。

① 模具准备。根据实施工艺不同的要求，RTM应选用不同的模具，如大型飞机零部件，像翼盒、尾翼，甚至机翼等，大都采用真空树脂导入工艺，使用单片模具和真空袋膜。而形状复杂的零部件采用闭模注射模具。根据不同制品的成型温度和成型压力，模具材料可以选用钢、铝、复合材料等。不同的模具应进行不同的准备，首先要检查模具的外观，检查模具辅助零部件是否齐全完好；然后进行表面清理；复合材料模具还要检查在存放期间是否出现变形；最后要施加脱模剂。

② 预型件铺放。用于RTM的纤维预型件大多是已经编织好的二维、三维及多维预型件，也可直接用纤维布或纤维织物。对于后者，在铺放时要保证纤维的取向及用量符合制件的设计要求。

③ 注入树脂。这是最关键的一道工序，它关系到最后制件的性能和质量，在这道工序中，要着重控制几个重要的工艺参数，包括：树脂黏度、注射压力、成型温度、真空度等，同时这些参数在成型过程中是相互关联和相互影响的。

最后固化成型的制件从模具中取出后，还需进行一些必要的后续加工处理，如外观质量检查、修边、打磨和机械加工等。

5.5.4 RTM派生技术

RTM工艺经过几十年的发展，已经形成了多种派生技术，这些派生技术都是在传统RTM技术的基础上，根据制件的设计和性能要求，增加一些辅助功能，使RTM的应用范围逐步扩大，最终目的是提高产品的性能和质量，并降低制造成本。

RTM派生技术中有代表性的是西曼树脂浸渍技术、轻质RTM技术和树脂膜渗透技术。

（1）西曼树脂浸渍技术（SCRIMP）

这是由美国西曼复合材料公司研发，并在美国获得专利权的真空树脂注入技术。这种方法实际是VARTM技术的延伸和发展，它改变了RTM采用双边闭合模的办法，而只采用单边硬模，用来铺放纤维增强体，另一面则采用真空袋覆盖，由电脑控制的树脂分配系统先使树脂胶液迅速在长度方向充分流动渗透，然后在真空压力下向厚度方向缓慢浸润，从而大大改善了浸渍效果，减少了缺陷发生，产品性能的均匀性和重复性以及质量都能得到有效的保证（见图5-22）。

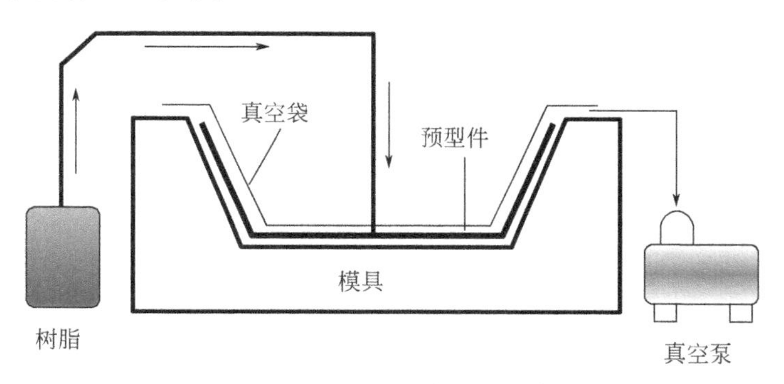

图5-22 SCRIMP工作原理示意图

SCRIMP工艺使大尺寸、几何形状复杂、整体性要求高的制件的制造成为可能。有关资料表明，目前它可成型面积达185m^2、厚度为3～150mm、纤维含量达70%～80%、孔隙率低于1%的制品。在船艇制造、风机叶片、桥梁、汽车部件及其他民用和海洋基础工程等方面得到广泛应用。如：英国的Vosper Thornycroft公司自1970年以来为英国皇家海军制造了270艘复合材料扫雷艇，最大的扫雷艇体总长达52.5m，总重达470t。起初，该系列艇FRP部件约占总重量的30%，由于SCRIMP工艺的引入，FRP制品的比例可提高到35%～40%。VT公司应用SCRIMP工艺开展的项目还涉及制造运输船、作业艇、救生艇船体和海洋港口工程结构，如桥梁甲板、大型冷冻仓等。VT公司还为Compton Marine及Westerly等公司提供技术支持，用经济的SCRIMP替代原有的开模方法制造长度为14m的游艇，以及开发新一代游艇系列。

瑞典海军的轻型护卫舰VISBY艇长达73m（舰上有10.4m的梁），这是目前建造的最大的FRP夹芯结构。舰上的部件如船体、甲板和上层建筑都是用SCRIMP法制造的。该工艺确保了高纤维含量、优异的制品性能、质量的稳定性和快速成型。Peichell Pugh公司开发了Corum快速游艇（OD48系列）。游艇使用SPX7309环氧室温固化注射树脂，制造周期仅为30min。Ciba-Gejgy公司采用Injectex织物/树脂渗透介质/低黏度环氧体系开发了舰船部件。

SCRIMP工艺的另一个主要应用领域是风机叶片的制造，目前，国外采用闭模的真空辅助成型工艺用于生产大型叶片（叶片长度在40m以上）和大批量的生产。这种工艺适合一次成型整体的风力发电机叶片（纤维、夹芯和接头等可一次在模腔中共成型），而无需二次粘接。世界著名的叶片生产企业LM公司开发出56m长的全玻璃纤维叶片就是采用这种工艺生产的。

SCRIMP工艺的技术优势在于能制造性能优良的复合材料部件，用这种方法加工的复合材料，纤维含量高，制品力学性能优良，而且产品尺寸不受限制，尤其适合制作大型制品。并且可以进行芯材、加筋结构件的一次成型以及厚的、大型复杂几何形状的制造，提高了产品的整体性。采用SCRIMP制作的构件，不论是同一构件还是构件与构件间，制品都保持着良好的重复性。SCRIMP成型时对树脂的消耗量可以进行严格控制，纤维体积比可高达60%，制品孔隙率小于1%。

另一个优势就是大大降低了制造成本，在同样原材料的情况下，与手糊成型相比，成本节约可达50%，树脂浪费率低于5%，而制件的强度、刚度及其他物理特性比手糊成型提高30%～50%以上。由于采用封闭成型，挥发性有机物和有毒空气污染物均受到很好的控制。

图5-23为三菱重工业公司正在研制的支线飞机MRJ-90的复合材料整体成型的垂直尾翼稳定器，采用的是真空辅助RTM技术，其中的桁条、加强筋等零件通过共胶接和共固化实现一次性成型，该飞机计划于2013年交付服役。

图5-24是美国NASA兰利研究中心用二维编织预型件与SCRIMP工艺制造的复合材料整体机身段壁板，其中的加强肋和桁条与壁板实现了整体化的成型。

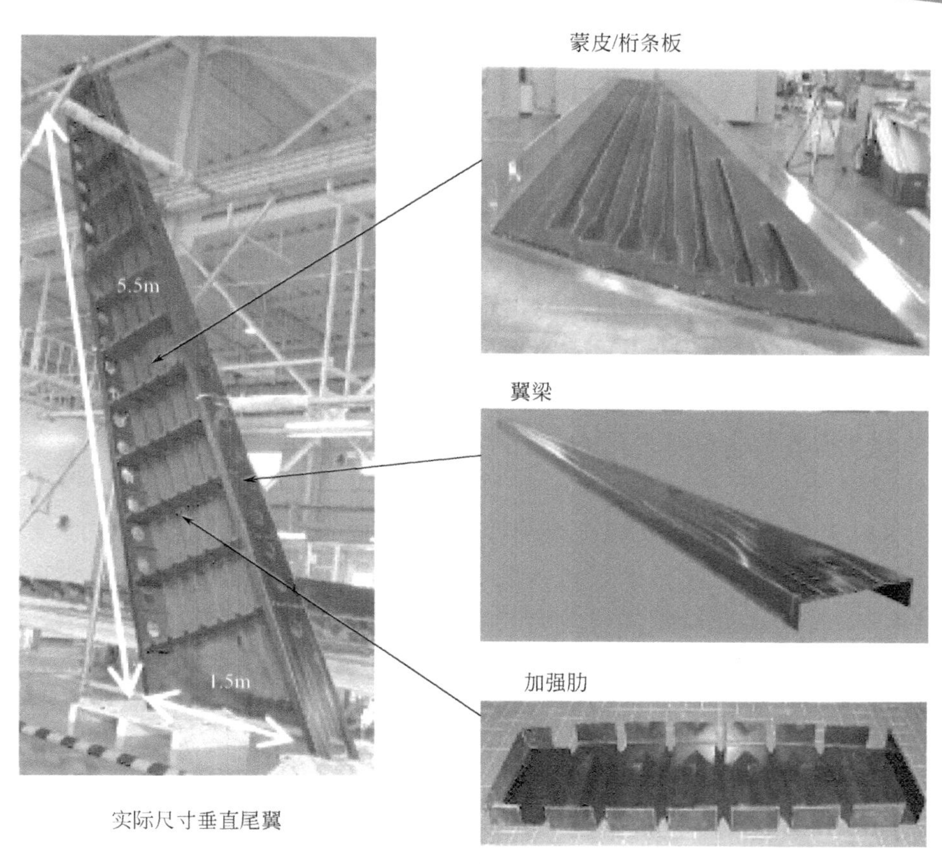

图5-23 三菱重工业公司正在研制的支线飞机MRJ-90 的复合材料整体成型的垂直尾翼稳定器

图5-24 美国NASA研制的复合材料整体机身段壁板

（2）树脂膜渗透成型技术

树脂膜渗透（resin film infusion，RFI）成型实际上可以看成是真空辅助RTM的一种技术延伸，归类于复合材料的干法成型。它所用的树脂是干态树脂膜或树脂块。其工艺过程是将带有固化剂的树脂膜或树脂块放入模腔内，然后在其上覆以纤维织物或以三维编织等方法制成的纤维预型件，再用真空袋封闭模腔，抽真空并加热模具使模腔内的树脂膜或树脂块熔化，并在真空状态下渗透到纤维层（一般是由下至上），最后进行固化制得制品。RFI是目前综合性能较佳的复合材料成型工艺之一，制品纤维含量接近70%，空隙率低（0～0.1%）；工艺不采用预浸料、树脂挥发少，VOC（挥发有机化合物）含量符合IMO（国际有机质量标准），更有利于工作安全和环境保护。

RFI工艺技术始于20世纪80年代，最初是为成型飞机结构件而发展起来的。近年来这种技术已进入复合材料成型技术的主流之中，适宜多品种、中批量、高质量先进复合材料制品的生产成型，它已在汽车、船舶、航空航天等领域获得一定的应用。在美国RFI技术被用来制造大型构件和高性能复合材料，现发展成为飞机用复合材料重要的低成本制造技术，广泛应用于F-22、F-35（JSF）及大型商用飞机（如A-380）的研制和生产中。

（3）轻质RTM技术

轻质RTM工艺是对传统的RTM工艺在模具上的改进，上模采用厚度小的半刚性的复合材料模代替真空袋。利用真空辅助，使低黏度树脂在闭合模具中流动浸润增强材料并固化成型，这样模具可以多次使用，适合于批量较大的产品的制造。树脂和固化剂通过注射机计量泵按配比输出带压液体并在静态混合器中混合均匀，然后在真空辅助下注入已铺放好的纤维增强体的闭合模中，模具利用真空对周边进行密封和合模，并保证树脂在模腔内沿流道流动顺畅，然后进行固化。

传统的RTM工艺，特别是对于大尺寸制件的成型，需要大型的模具。树脂的注入是在较高的压力和流速下进行的，因此模具的强度和刚度要足够大，在注射压力下不变形。通常采用带钢管支撑的夹芯复合材料模具，或用铝模或钢模，成本很高，这样就限制了RTM工艺在批量产品上的应用。

轻质RTM保留了RTM工艺的对模工艺，但其上模为半刚性的复合材料模，厚度一般为6～8mm，模具有一个宽约100mm的刚性周边，由双道密封带构成一个独立的密封区，只要一抽真空模具即闭合，非常方便、快捷。然后对模腔内抽真空，利用模内的负压和较低的注射压力将树脂注入模具的，使树脂渗入预先铺设的增强纤维或预制件中。轻质RTM模具费用低，而且是在较低压力下成型的，所用的模具很容易从开模工艺的模具改造过来。

轻型RTM在国外的应用发展很快，并有超过RTM技术应用的趋势。目前常见的应用领域，有航空航天、军事、交通、建筑、船舶和能源等。例如：飞机的复合材料舱门、风扇叶片、机头雷达罩、飞机引擎罩等；军事领域的有鱼雷壳体、油箱、发射管等；交通领域的有轻轨车门、公共汽车侧面板、汽车底盘、保险杠、卡车顶部挡板等；建筑领域的有路灯的管状灯杆、风能发电机机罩、装饰用门、椅子和桌子、头盔等；船舶领域的有小型划艇船体、上层甲板等。

5.6 拉挤成型

拉挤工艺是一种连续生产复合材料型材的方法，基本工序是增强纤维从纱架引出，经过集束辊进入树脂槽中浸胶，然后进入成型模，排除多余的树脂并在压实过程中排除气泡，纤维增强体和树脂在成型模中成型并固化，再由牵引装置拉出，最后由切创装置切割成所需长度（见图5-25）。

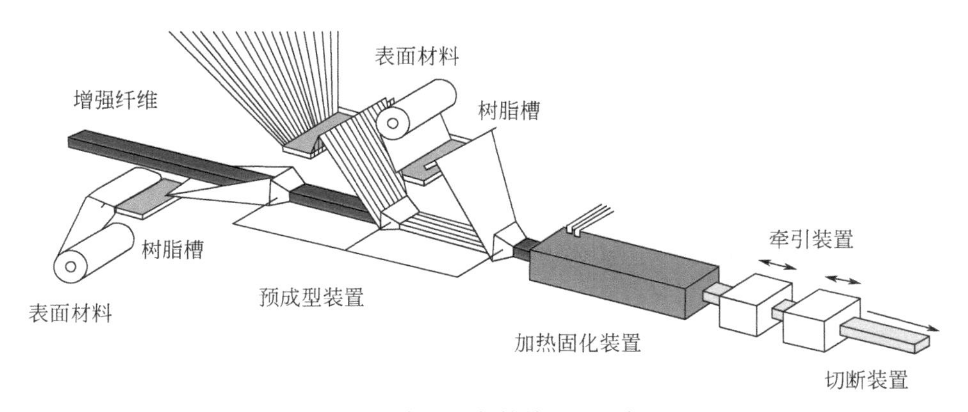

图5-25 复合材料拉挤成型示意图

拉挤成型工艺对树脂的基本要求为黏度低，对增强材料的浸透速度

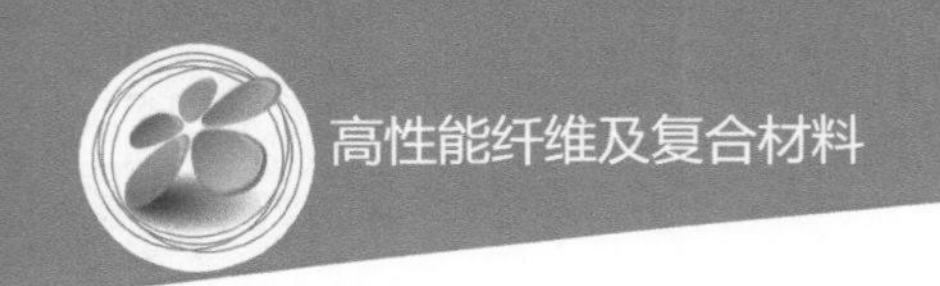

快，黏结性好，存放期长，固化快，具有一定的柔软性，成型时制品不易产生裂纹。

拉挤成型工艺所用的树脂主要有不饱和聚酯树脂、环氧树脂和乙烯基酯树脂等。其中以不饱和聚酯树脂为主，大约占总用量的80%以上。

挤拉成型工艺中所用的增强材料绝大部分是玻璃纤维，其次是聚酯纤维。在航空航天、船舶、机械、运动器械等高档应用中，也用芳纶、碳纤维等高性能增强材料。

拉挤成型工艺还在继续发展中，主要是生产大尺寸、复杂截面、厚壁的产品。其中有代表性的是反应注射拉挤（continuous resin transfer molding pulltrusion process，CRTMPP）和曲面拉挤。

（1）反应注射拉挤

这种拉挤方法是20世纪70年代后期发展起来的，它实际上是树脂传递模塑与拉挤工艺的结合，增强纤维通过导纱器和预成型模后，进入连续树脂传递模塑模具中，在模具中以稳定的高压和流量，注入专用树脂，使增强纤维充分浸透和排除气泡，在牵引机的牵引下进入模具固化成型，从而实现连续树脂传递模塑或称注射拉挤。这种方法所用原料不是聚合物，而是将两种或两种以上液态单体或预聚物，以一定比例分别加到混合头中，在加压下混合均匀，立即注射到闭合模具中，在模具内聚合固化，定型成制品。由于所用原料是低黏度液体，用较小压力即能快速充满模腔，所以降低了合模力和模具造价，特别适用于生产大面积制品。反应注射成型要求树脂的各组分一经混合，立即快速反应，并且能固化到可以脱模的程度。成型设备的关键是混合头的结构设计、各组分准确计量和输送。此外，原料贮罐及模具温度控制也十分重要。

（2）曲面拉挤

这种拉挤方法是美国Goldworthy Engineering公司在现有拉挤技术的基础上，开发了一种可以连续生产曲面型材的拉挤工艺，例如用来生产汽车用弓形板簧。这种工艺的拉挤设备由纤维导向分配器、浸胶槽、射频电能预热器、导向装置、旋盘阴模、固定阳模模座、模具加热器、高速切割器等装置组成。所用原材料为不饱和聚酯树脂、乙烯基树脂或环氧树脂和玻璃纤维、碳纤维或混杂纤维。曲面拉挤的工作原理是用活动的旋转模代替固定模，旋转模包括阴模和阳模，可以通过控制实现相对旋转，它们之间的空隙即是成型模腔。浸渍了树脂的增强材料被牵引进入由固定阳模与旋转阴模构成的闭合模腔中，然后按模具的形状弯曲定型、固化。制品被切割前始终置于模腔中。待切断后的制品从模腔中脱出后，旋转模即进入到下一轮生产位置。

德国的Thomas公司，最近开发了一种新的制造技术——“半径拉挤成型”，这使得有可能生产出几乎所有角度的半径连续弯拉挤型材。该技术能够产生拱形或圆形部分，包括螺旋形部分，使拉挤型材跳出一维，变成三维拉挤型材（见图5-26）。

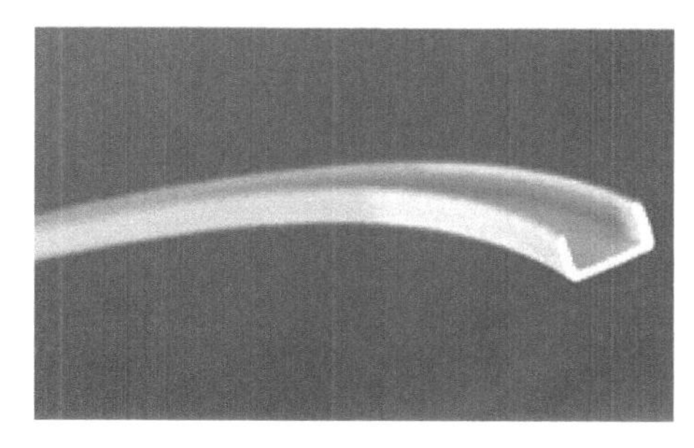

图5-26　由曲面拉挤成型的复合材料拉挤成型

半径拉挤成型可应用于汽车、飞机、船舶、建筑和家具，及要求弯曲的连续型材的制造。

5.7 成型工艺与制造技术的最新发展

随着复合材料技术日益成熟和应用经验的不断积累，在航空航天及其他领域中的应用在快速增长，但居高不下的成本仍是主要的制约问题，自20世纪80年代开始，低成本化成为当代高性能复合材料的发展主流。有关资料表明，在先进树脂基复合材料的总成本中，原材料约占30%，而结构件的制造占到50%以上，因此复合材料低成本化的一个主要内容就是发展低成本制造技术，而目前有效的方法是采用高度自动化的制造技术，目前较成熟的主要有预浸带自动铺放技术（automatic tape laminating，ATL）和纤维自动铺放技术（automatic tow placing，ATP），这两种技术都需要大型高度自动化的设备和专门的控制软件，代表了航空复合材料技术的发展水平。

（1）自动铺带技术

预浸料自动铺放技术主要用于机翼、壁板构件等大尺寸、中小曲率部件的复合材料成型，第一台计算机控制的全自动铺带机由General Dynamics公司和Conrac公司合作完成，用于铺放F-16战斗机的复合材料机翼部件。随着大型运输机、轰炸机和商用飞机复合材料用量的增加，带铺放成型技术的应用越来越广泛，铺带机技术也日益完备。自动铺层技术包括预浸料自动切割下料和自动铺放。这两道工序可用同一台铺带机独立完成。其成功案例由图5-27所示。其中图5-27（a）是用自动铺层制造A-350机翼蒙皮，图5-27（b）是自动铺带过程的局部放大。

（a）

（b）

图5-27　预浸带自动铺放技术制造飞机复合材料结构

自动铺带技术于20世纪70年代在欧美发达国家开始研究，到现在已取得很大进展，各种自动铺带型设备得到发出，如美国Vought飞机公司的大型CTLM铺放机，该系统有2个铺放头，可同时铺放2个不同部位，Vought公司目前正使用此系统生产军用C-17运输机的水平安定面蒙皮。EADS-CASA是欧洲最早使用平面自动铺带机和曲面自动铺带机生产复合材料结构的公司，CASA自动铺带机具有很高的生产效率，一般是手工铺贴的10到数十倍。波音公司在自动铺带技术方面投入大量资金和人力，发展自动铺带技术生产B-2轰炸机大型复合材料构件。近年来，波音公司也将自动铺带技术应用于其他项目，主要包括Navy A-6轰炸机（复合材料机翼）、F-22战斗机（机翼）和波音 777飞机的全复合材料尾翼、水平和垂直安定面蒙皮。

（2）纤维自动铺放技术

纤维自动铺放实际上是在纤维缠绕工艺发展起来的一种高效成型技术，所以也叫预浸带缠绕技术。这种技术既可用于热固性预浸带，也适用于热塑性预浸带，它综合了自动铺带和纤维缠绕技术的优点，由铺丝头将数根预浸纱在压辊下集束成为一条由多根预浸纱组成的宽度可变的预浸带后铺放在芯模表面，经过加热软化后压实定型。铺丝技术适用于曲率半径较小的曲面产品表面制备，铺设时没有皱褶，无需作剪裁或其他处理。铺丝可以代替铺带，相对于铺带，它的成本较高，效率也低一些，但复杂的曲面表面必须用铺丝工艺完成。有代表性的例子由图5-28所示。其中图5-28（a）是空客公司在其位于西班牙的Illescas工厂开始的首个A-350XWB碳纤维结构机身桶的生产，采用的是自动带缠绕技术。图5-28（b）是采用自动铺带技术制造F-22战斗机进气道。

（a）

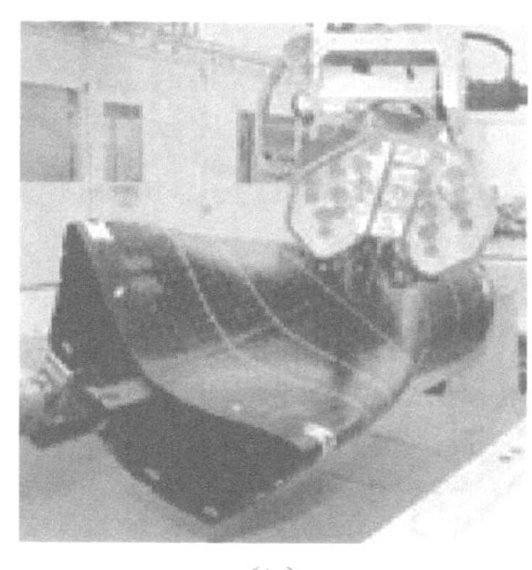
（b）

图5-28　纤维自动铺放技术制造飞机复合材料结构件

带缠绕成型技术是20世纪30年代发展起来的、最早的复合材料自动化成型技术。随着材料工艺技术、装备技术和设计理论与方法的进步，带缠绕成型技术得到快速发展。随着复合材料相关技术的发展，带缠绕成型技术呈现出多工艺复合化、成型设备精密化、CAD/CAM技术应用日益增多、成型设备与机器人结合化、热塑性树脂基复合材料逐渐增多及新型固化技术不断应用的发展趋势。例如将带缠绕成型与拉挤、铺放、编织、压缩模塑等工艺相结合，提高带缠绕成型的工艺适应性；由于带铺放可进行任意角度缠绕，还可在凹形表面缠绕，克服了缠绕工艺的不足，可解决某些结构类管状构件的缠绕成型问题；将带铺放成型与电子束固化技术结合是目前研究的热点，电子束固化可以大幅度地降低制造时间、材料消耗和能源，是重要的低成本制造技术。

铺丝技术的典型应用包括S形进气道、中机身翼身融合体蒙皮直至带窗口的曲面等。首先应用自动铺放技术的是波音直升机公司，它研制了

V-22倾转旋翼飞机的整体后机身。在第四代战斗机中的典型应用包括S形进气道和机身，F-35的中机身翼身融合体蒙皮。在商用飞机方面有Premier Ⅰ和霍克商务机的机身部件、大型客机B-747及B-767客机的发动机进气道整流罩试验件和B-787机身全部采用复合材料自动带缠绕技术分段整体制造等。

第6章

金属基、陶瓷基及碳基复合材料

前面已有介绍，在现代复合材料大家族中，从基体材料来分，主要有三大类，即金属基、陶瓷基和树脂基复合材料。从发展现状来看，树脂基复合材料发展历史最长，技术最成熟，而且市场和应用还在快速增长。但先进树脂基复合材料面临的最大问题是使用温度，如目前用得最多的环氧树脂基复合材料最高使用温度为150℃，双马树脂基复合材料的最高使用温度可达180～200℃，而聚酰亚胺树脂基复合材料可在300～350℃的范围内长期使用，但这种复合材料制备技术较复杂，质量控制较困难，目前仅在飞机发动机的冷端部件中开始推广应用。出于聚合物材料本身的局限性，要进一步提高使用温度，目前还没有找到有效的途径。

现代高性能航空飞行器对航空发动机提出了更高要求，美国先进战斗机计划（ATF）和综合高性能发动机技术计划（IPPTET）在今后20年将发展第六代发动机，保证推/重比（thrust-to-weight ratio）达到20：1，油耗比目前再降低50%，此前的第四代发动机（1970～1975）的推/重比仅为8：1，第五代发动机（1985～2000）的推/重比只是10：1。推/重比的提高将取决于涡轮前的温度提高，推/重比为（15～20）：1的发动机，其涡轮前燃气进口温度最高可达2200～2500℃，因此发展轻质、高强、耐高温的新型材料如高温金属基、陶瓷基和碳基复合材料是目前实现上述目标的可行方案。

这些复合材料目前也有局限性，主要表现在制备技术复杂，成型温度高，制造成本高，不易制造大尺寸的零部件等方面，因此应用范围和成熟程度远不如树脂基复合材料。

6.1 金属基复合材料

金属基复合材料（metal matrix composite，MMC）是用金属基体与增强体复合而成的一类材料，是20世纪60年代发展起来的一门相对较新的材料技术。

航空航天结构件对材料的要求基本是轻质、高强、高模，再就是提高使用温度。轻质高强能充分发挥材料的使用效率，实现降低能耗，节约燃油。提高使用温度能满足飞行器高温高性能结构件和发动机耐高温部件的要求。金属基复合材料可以说兼具这两方面的优点，通过与轻质高强的高性能增强体的复合，既能保持金属基体原来的工作温度，同时又使复合材料的力学性能大幅提高，同树脂基复合材料相比，金属基复合材料除了具有高比强度、高比模量和低膨胀系数以外，最大的优点是耐高温，最高使用温度达350～1200℃，此外金属基复合材料的横向和剪切强度较高，韧性较好，还具有不燃、不吸潮、导电、导热、不存在老化问题等优点。

现代高新技术，特别是航空航天技术的迅速发展推动了金属基复合材料的发展，近年来，随着制备工艺的逐步完善，制造成本降低，使金属基复合材料迎来新的发展时期。

6.1.1 金属基复合材料分类

金属基复合材料可以根据金属基体的种类和增强体的种类及形状进行分类。

根据金属基体的种类可分为铝基、镁基、钛基、铜基、铁基、镍基、高温合金基、金属间化合物基复合材料等。

根据增强体形式可分为连续纤维增强和非连续性增强，连续纤维的品种主要有碳纤维、硼纤维、碳化硅纤维、氧化铝纤维；而非连续性增强体分为短纤维、晶须、颗粒等，进而根据增强材料性质的不同还可继续再分，如短切碳纤维增强铝基复合材料、碳化硅晶须增强钛基复合材料等。

此外，新的增强形式还包括在基体内同时加入多种（两种或两种以上）不同的增强体以及三维网络（骨架）增强体等。因而就有混杂增强金属基复合材料及骨架增强金属基复合材料。

(1) 金属基体

基体是金属基复合材料的主要组成，起着固结增强体、传递和承受各种载荷（力、热、电）的作用。在金属基复合材料中，基体占有较大的体积百分数。在连续纤维增强金属基复合材料中约占50%～70%，一般以60%左右最佳。颗粒增强金属基复合材料中根据不同的性能要求，基体含量可在25%～90%的范围内变化，多数颗粒增强金属基复合材料的基体约占80%～90%。而晶须、短纤维增强金属基复合材料基体含量一般在80%～90%。

金属基体的选择对复合材料的性能有决定性的作用，金属基体的密度、强度、可塑性、导热、导电、耐热、抗腐蚀性等均将影响复合材料的比强度、比刚度、耐高温、导热、导电等性能。因此在设计和制备复合材料时，应充分考虑金属基体的化学、物理特性以及与增强体的相容性等。

金属基体的选择应根据三方面进行考虑：即使用要求、材料组成及复合效应。

① 使用要求：根据应用领域和工况条件选择基体。如航天航空应用领域中，高比强度和高比模量以及尺寸稳定性是最重要的性能要求；作为飞行器和卫星的构件宜选用密度小的轻金属合金（如镁、铝合金）作为基体，与高强度、高模量的石墨纤维、硼纤维等组成石墨/镁、石墨/铝、硼/铝复合材料。飞机发动机不仅要求高比强度和高比模量，还要求耐高温，能在高温、氧化性气氛中正常工作，则应选耐温性好的钛合金、镍合金以及金属间化合物作为基体材料，如碳化硅/钛、钨丝/镍基超合金复合材料可用于喷气发动机叶片、转轴等重要零件。汽车发动机中要求其零件耐热、耐磨、导热、有一定的高温强度等，同时又要求成本低，适合于批量生产，因此选用铝合金作基体材料与陶瓷颗粒、短纤维组成颗粒（短纤维）/铝基复合材料，如碳化硅颗粒/铝复合材料、碳纤维或氧化铝短纤维/铝复合材料可制作发动机活塞、缸套等零件。

从使用温度方面考虑，铝、镁复合材料一般用在350～500℃范围内，钛基体复合材料可用于650～900℃的范围，而镍、钴基高温合金及金属间化合物基复合材料可在1000℃以上使用。

② 材料组成：不同的增强形式（连续纤维增强或非连续增强），以及不同的增强材料对基体的选择也有影响。

对于连续纤维增强复合材料，选择基体的主要考虑是要能充分发挥增强纤维的性能优点，基体与纤维有良好的相容性和塑性，而并不要求基体本身有很高的强度和模量。实验证明，高强高模的合金材料，与增强纤维的结合效果有时反不如一般的合金材料，因而纤维的优势得不到充分发挥。例如连续碳纤维增强铝基复合材料，纯铝或含有少量合金元素的铝合金作为基体比高强铝合金效果要好，铝合金强度越高，其复合材料的性能并不一定很好。

相反，对于非连续增强（颗粒、晶须、短纤维）金属基复合材料，基体的强度对复合材料具有决定性的影响，因此，要选用较高强度的合金作为基体。这与连续纤维增强金属基复合材料的基体选择不同。如颗粒增强铝基复合材料一般选用高强度铝合金为基体。

③ 复合效应：复合效应主要取决于两方面的因素，一是材料，二是工艺。从材料的角度考虑，主要是要求金属基体与增强体有好的相容性。

金属基体与增强体的相容性取决于它们的化学组成和性质。通常金属基体中往往含有不同类型的合金元素，这些合金元素与增强体的反应程度不同，反应后生成的反应产物也不同，由此而形成界面的化学成分也不相同，承受载荷的能力也不同，在外力作用下会有部分界面首先破坏，引发裂纹扩展，导致复合材料整体性能下降。因此在选用基体合金时应充分注意化学成分，所包含的合金元素既有利于金属与增强物浸润复合，又有利于形成稳定的界面。

如碳纤维增强铝基复合材料中，在纯铝中加入少量的钛、锌等合金元素可明显改善复合材料界面的结构和性质，大大提高复合材料的性能。

又如用碳纤维作为增强体，不适宜选用铁、镍作为基体。因为铁、镍元素在高温时能有效地促使碳纤维石墨化，破坏了碳纤维的结构，使其丧失了原有的强度，使复合材料性能退化。

基体的选择，主要是能保证增强体的优异性能得到充分发挥，因此，最佳的结构合金未必是最佳的基体合金。这是因为与增强体的结合、界面反应和界面相的稳定性比单一基体的性能更重要。

（2）增强体

增强体是金属基复合材料的重要组成部分，它能提高金属基体的强度、模量、耐热、耐磨等重要性能。增强体的选择与复合材料的性能关系密切。

增强体的选择，主要考虑以下几方面。

① 增强体本身应具有优良的性能，如高强度、高模量、耐高温、高硬度、低热膨胀，还要具有良好的化学稳定性，在高温制备和使用过程中均不能发生组织结构与性能的变化和退化，不发生严重损害界面结合的界面反应。

② 与基体有良好的浸润性，或经过表面处理能得到与金属基体良好的浸润性，以确保复合材料制备过程中增强体与基体有良好的复合效果。

③ 要考虑增强效果。不同的增强形式有不同的增强效果，连续纤维的增强效果最好，其次是晶须、短切纤维，最后是颗粒。但不同的增强形式影响到工艺性能和制造成本，金属基体的成型温度都较高，这一点在选择增强体类型时应充分考虑，例如，用连续纤维作增强体，尽管增强的效果最明显，但在复合材料制备中，纤维的排放、取向、体积分数及分布均匀性等都比较难控制，成型工艺复杂，且需要昂贵的专门设备，增加了制造成本；相反，用短纤维、晶须、颗粒作增强体，复合工艺和成型技术也相

对简单，工艺可选择性强，增强体的体积分数可设计性强，当然增强效果不如连续纤维明显。

④ 材料成本问题。金属基复合材料的材料成本可占总成本的60%以上。而材料的成本主要是增强体的成本，例如连续硼纤维、碳化硅纤维的价格都很昂贵，碳化硅、氮化硅等晶须的价格稍低，但也比其他晶须如硼酸铝、钛酸钾、氧化锌、氧化镁等晶须贵很多，而颗粒增强体价格最低，来源广泛，在材料成本上最具优势。采用价格低的增强体制备复合材料无疑具有成本优势，但材料性能也必须同时考虑。

下面将围绕两种增强方式，即连续增强和非连续增，来介绍一些主要的金属基复合材料。

6.1.2 连续纤维增强金属基复合材料

(1) 连续纤维增强铝基复合材料

铝及其合金都适于作金属基复合材料的基体，铝基复合材料是金属基复合材料中应用较成熟较广泛的品种之一。铝在制作复合材料上有许多特点，如质量轻、密度小、可塑性好，铝基复合技术容易掌握，易于加工等。铝基复合材料比强度和比刚度高，高温性能好，更耐疲劳和更耐磨，阻尼性能好，热膨胀系数低。同其他复合材料一样，它能复合出特定的力学和物理性能。

常用的纤维有硼纤维、碳纤维、碳化硅纤维，相对而言，硼纤维增强铝基复合材料的综合性能好，复合工艺完善，制造经验较丰富，实际应用较成熟。

硼纤维性能好，且单丝直径较粗（100～140μm），复合工艺较易控制，硼/铝复合材料的拉伸强度和弹性模量均明显高于基体，这种复合材料的优越性在高温时尤其突出，而且疲劳性能优异。硼/铝复合材料是长纤维复合材料中最早研究成功和应用的金属基复合材料。美国和前苏联的航天飞机中的机身框架及支柱和起落架拉杆等都用硼/铝复合材料制成。如美国航天飞机的主舱框架就是用硼纤维增强铝基复合材料制成的。比铝合金框架减重44%，产生了巨大的效益。

连续碳纤维增强铝基复合材料采用高性能的碳纤维作增强体，得到的复合材料具有密度低、强度高、刚性好、耐高温、耐疲劳、导热导电、尺寸稳定性好等优点。其性能取决于所用纤维的种类、纤维含量及分布、纤维与基体结合的界面状态及界面性能、基体铝合金的化学成分、制备工艺及后处理制度等。一般都采用高性能碳纤维作增强体，纤维含量在20%～60%，纤维的种类和含量及分布方式可根据不同的应用要求加以选择和设计。碳纤维增强铝基复合材料大多采用热压法（扩散黏结法）、真空压力浸渍法、挤压铸造法和液相金属浸渍法制备。由于这些方法都要求在高温下进行，纤维与基体之间会发生不同的界面反应，而严重的界面反应会导致纤维损伤，形成脆性反应物或过强的界面结合，进而引起复合材料性能大幅下降。因此，优化和控制是制备高性能碳纤维增强铝基复合材料的前提。改善基体与纤维表面浸润性及控制界面结合状态的主要途径有：纤维表面涂层处理，采用特殊的制造方法和设备，严格控制工艺成型参数及在铝合金中适当加入一些合金元素如钛、锌、及稀土元素等。

碳化硅纤维除了具有优异的力学性能外，在高温下的抗氧化性能良好，与硼纤维和碳纤维相比，在较高的温度下与铝的相容性较好。因此，常被选作铝基复合材料的增强体。目前碳化硅纤维分为有芯和无芯两种。有芯碳化硅纤维以钨丝或碳丝作底丝经化学气相沉积制得，为直径较粗的单丝，在工艺上制造复合材料相对较容易，纤维上残留的游离碳很少，含碳量较低，与铝不易发生反应，是铝基复合材料较好的一种增强体。无芯碳化硅纤维单丝直径细，一般以丝束提供，制备复合材料较直径粗的单丝困难，且纤维中残留有较多的游离碳和氧，较易与铝反应，生成有害的反应产物。但是近几年来对这种碳化硅纤维进行了改进，游离碳和氧的含量已明显减少。

碳化硅增强铝复合材料主要用作飞机、导弹、发动机的高性能结构件，如飞机的3m长Z型加强板，喷气式战斗机垂直尾翼平衡和尾翼梁，导弹弹体及垂直尾翼等。

尽管连续纤维增强铝基复合材料具有高比强度和高比模量，但在制备和应用过程中仍有一些问题需要解决，主要是连续纤维复合材料成型工艺复杂，难以进行二次机械加工，而且材料成本高。相比之下，用短纤维、晶须、颗粒等增强的非连续增强铝基复合材料则具有物料来源广、价格低、成型简便等优点，可采用传统的金属成型工艺进行二次加工，并且能得到各向同性的复合材料。

（2）连续纤维增强镁基复合材料

镁合金是目前能使用的最轻金属材料，镁密度只有铝的2/3，但镁合金的不足之处是其低硬度、低强度、低模量以及高的膨胀系数，多年来应用受到限制，而镁基复合材料则可以消除或减轻这些不足。镁在全球的贮藏量非常丰富，随着当代资源短缺问题的突出，镁合金的开发利用日益得到重视，镁基复合材料作为一种新兴的轻金属基复合材料，显示出非常广阔的发展前景。

同铝基复合材料相比，镁基复合材料最大的优点是质量更轻，用作航空航天结构件，更能体现出节能的优势。缺点是成本较高，工艺稳定性较难控制，随着工艺技术的不断进步，以及减轻自重、节能降耗的重要性的日益突出，镁基复合材料的应用范围将不断扩大。

所用的增强纤维主要有碳纤维和氧化铝纤维，以碳（石墨）纤维增强的镁基复合材料研究得最多。其制备方法主要是真空无压或低压浸渍渗透。石墨纤维增强的镁基复合材料的密度小于2.1g/cm^3，线膨胀系数可以从负到零、到正，尺寸稳定性好，具有高比强度、高比模量和高阻尼等优点。日本开发碳（石墨）纤维增强的镁基复合材料的强度已达1200MPa，模量达570GPa。连续纤维增强镁基复合材料在航空航天、汽车等工业的应用前景十分广阔，美国NASA用石墨/镁制造空间动力回收系统部件、空间站的撑杆和空间反射镜架等。其主要不足是连续纤维价格太高，复合材料制备工艺难度大，其研究和应用还有待于进一步发展。

（3）连续纤维增强钛基复合材料

钛基复合材料能弥补铝基复合材料使用温度的不足，通常铝基复合材料的最高使用温度为350℃，不能用作高温高性能的结构和飞机发动机结构部件，20世纪80年代开始，高温型金属基复合材料开始研发，而钛基复合材料就是其中之一。钛合金本身成本较高，大约是铝合金的5倍，因此钛基复合材料的成本也显著高于铝基复合材料。基于成本的原因，钛基复合材料的应用目前主要集中于飞机发动机的热端部件（600～900℃）。

同样，钛基复合材料也分为连续纤维增强和非连续增强两大类。

纤维增强体主要有连续陶瓷纤维，如氧化铝、碳化硼和碳化硅等，它们共同的特点是熔点高、具有优良的热稳定性及高比强度、高比刚度等。氧化铝纤维和硼纤维的线膨胀系数与钛基体十分接近，但硼纤维不耐高温，氧化铝纤维与钛基体之间有强烈的反应，所以现在大多采用带碳涂层的碳化硅纤维，目前国际上广泛使用的是美国生产的SCS-6碳化硅纤维，以及英国的SM1240碳化硅纤维。SCS-6碳化硅纤维是用化学气相沉积法（CVD）

将碳化硅积沉在碳芯上制得的，外表有一层极薄的碳涂层。

钛是比强度最高的金属，而连续纤维增强能大幅度提高刚度，其中用化学气相沉积法（CVD）制备的碳化硅纤维又具有很高的强度、刚度和热稳定性，因此这种材料是目前较受重视的复合材料体系之一。如德国研制的SCS-6碳化硅/钛复合材料，增强体的体积分数为35%，常温下的拉伸强度达2200MPa，模量达220GPa，而且具有极为优异的热稳定性，在700℃下暴露2000h后，力学性能不下降。用钛基复合材料制造的叶环代替压气机盖，可使压气机的结构质量减轻70%，美国制造钛基复合材料叶环已在某飞机发动机的验证机上成功地通过验证，能满足性能要求。

由于比强度和比模量高，耐高温及耐疲劳和耐蠕变性能好，CVD碳化硅纤维增强钛基复合材料适用于制造工作温度在800～900℃之间的航空航天主承力结构件，特别是用于飞机发动机部件，如发动机传动轴、转子轮盘、压缩机叶片、机匣、叶环等。这种材料能大幅度减轻飞机发动机质量，被认为是提高飞机发动机推重比、降低燃油消耗、增加续航能力的关键新材料。

制备连续纤维增强钛基复合材料的难度较大，一般只能采用固相合成法，然后用热等静压（HIP）、真粉热压（VHP）锻造等方法实现成型。

6.1.3 非连续增强金属基复合材料

非连续增强体主要是短切纤维、晶须、颗粒等，与连续纤维增强相比，具有成型工艺简单、工艺质量易于控制、成本较低、易于加工、应用广泛等优点，此外非连续增强也可提高材料的比强度、比刚度、抗疲劳、抗蠕变等性能，因此在航空、汽车及其他民用工业有较强竞争力。

（1）非连续增强体铝基复合材料

非连续增强体可分短纤维、晶须和颗粒等。短纤维包括碳纤维、碳化硅纤维、氮化硅纤维、氧化铝纤维、硅酸铝纤维等。短纤维铝基复合材料不但强度和刚度高，还具有优异的耐磨性，在实际应用中已取得良好的效果。

短切碳纤维增强铝基复合材料具有高比强度、高比刚度、低膨胀等优点，不吸潮、抗辐射、电导率及导热系数高、尺寸稳定性好，使用时无气体排放，作为结构材料和功能材料在航空航天及其他工业领域应用前景十分广阔。碳化硅短纤维增强铝基复合材料有轻质、耐热、高强度、耐疲劳等优点，可用于飞机、汽车、机械及体育运动器材等。

晶须增强铝基复合材料一般采用挤压铸造法制备，即将晶须制成具有一定体积分数的预制块，液态铝合金在压力下渗透到预制块的孔隙中而得到复合材料。目前用得较多的是碳化硅晶须、氮化硅晶须、硼铝酸晶须等。虽然碳化硅晶须因具有优越的综合性能而被广泛采用，但碳化硅晶须价格太高，因此开发出低成本的硼酸铝晶须，其应用前景被看好。晶须增强铝基复合材料具有优良的性能，不仅保留了铝合金质量轻、耐腐蚀性能好等优点，而且还可以明显提高耐磨性和抗热膨胀性能。用晶须增强的铝基复合材料高温拉伸强度明显高于基体合金，复合材料在250℃下仍具有基体合金在室温下的强度，即复合材料可以将铝合金的使用温度提高250℃。

碳化硅晶须增强铝基复合材料用于制造导弹平衡翼和制导元件，航天器的结构零部件和发动机部件、飞机的机身地板和新型战斗机尾翼平衡器，星光敏感光学系统的反射镜基板，超轻高性能太空望远镜的管、棒桁架等。

颗粒增强铝基复合材料解决了连续纤维增强体制造成本太高的问题，而且能得到各向同性的复合材料，克服了制备过程中诸如纤维损伤、微观组织不均匀、纤维互相接触等影响复合材料性能的许多问题，所以颗粒增强铝基复合材料已成为现在金属基复合材料研究的热点，并快速向规模化工业生产和应用发展。常用的增强颗粒有碳化硅、碳化硼、硼化钛、氮化硅、氧化铝及碳、硅、石墨等晶体颗粒，其中碳化硅颗粒用得最多。

用碳化硅颗粒增强的铝基复合材料可根据铝合金基体类型分为铸造和变形两大类：以铸造铝合金为基体采用重熔铸造成型的，称为碳化硅颗粒增强铸造铝基复合材料；以变形铝合金为基体采用二次塑性加工成型的，称为碳化硅颗粒增强变形铝基复合材料。相比之下，前者易于实现复杂精密成型，且成本较低；后者的优点是力学性能尤其是韧性更高，适用于大尺寸简单形状的构件，如各种型材。还可根据复合材料中碳化硅颗粒的体积分数将其分成低体分、中体分和高体分三类，低体分一般指碳化硅颗粒体积分数在5%～30%，主要用作结构件，以发挥其强度和刚度优势（刚度可达120GPa）；中体分一般指碳化硅颗粒体积分数为35%～50%，主要用作光学及精密仪器构件，以发挥其刚度（刚度可达180GPa）和尺寸稳定性优势；高体分一般指碳化硅颗粒体积分数为60%～75%，主要用作集成电路封装件及热控元件，以发挥它的低膨胀、高导热和轻质的优势。

碳化硅颗粒增强铝基复合材料可用来制造卫星及航天用结构材料，如卫星支架、结构连接件、管材、各种型材，飞机零部件如起落架支柱龙骨、纵架管、液压歧管、直升机阀零件等。

采用颗粒增强制备铝基复合材料成本相对较低，原材料资源丰富，制备工艺简单。选择适当的增强颗粒与基体组合可制备出性能优异的复合材料，具有很大的发展潜力和应用前景。但同时也应看到，颗粒增强铝基复合材料在未来的时间里要取得更进一步的发展，并进入规模化生产阶段，还有待于更多的研究和实践。

（2）非连续增强镁基复合材料

非连续增强镁基复合材料具有高强度、高模量、高硬度、尺寸稳定性好、耐磨性优良、减振性能好的优点，同时具有优良的可加工性和各向同性等特点，有利于进行结构设计。

用于非连续增强镁基复合材料的增强体主要是短纤维（氧化铝）、晶须（碳化硅和硼酸铝）和颗粒（碳化硅和碳化硼）。增强体的选择要根据复合材料的应用、制备方法及增强体的成本来考虑。基体镁合金可分为三类：室温铸造镁合金、高温铸造镁合金及锻造镁合金。基体的选择要考虑基体的性能、基体与增强体的浸润性及界面反应等问题。

非连续增强镁基复合材料的制备方法主要有：液态金属浸渍法（挤压铸造法、真空气压浸渍法、自浸渗法）、搅拌铸造法、流变铸造法、粉末冶金法、喷射法等。

挤压铸造法被最多地用来制造各种短纤维和晶须增强的镁基复合材料，其中碳化硅晶须增强的镁基复合材料力学性能最好，并随增强体的体积分数变化，强度在330～370MPa之间，模量在80～110GPa之间变化，并有良好和耐热性和界面稳定性，但短纤维和晶须增强镁基复合材料的制备方法限制了其体积分数的范围，一般这类增强体的体积分数在15%～30%之间。

颗粒增强镁基复合材料的制备方法较多，最常用的是搅拌铸造法，这种方法的优点是工艺简单、成本低、增强体的体积分数可控性高，可以制备低体积分数的复合材料，也可制备大尺寸的制件，如美国道化学公司制备了重达70kg和体积分数为26%的碳化硅颗粒增强的镁基复合材料。

利用非连续增强镁基复合材料密度低、耐磨损、比刚度高、尺寸稳定性好、耐高温的特点，可在航空航天领域用来制造卫星天线及直升机部件；在汽车方面，可用于制造汽车的盘状叶轮、变速箱轴承、活塞环槽、齿轮、连杆等。

（3）原位反应生长增强镁基复合材料

这种复合材料可以克服其他制备方法的工艺复杂、增强体与基体界面相热力学性能不稳定、增强体与基体之间浸润较差引起的性能下降、增强体分布不均匀等缺点。通过控制反应，在基体内部生成相对均匀分散的增强体，增强体与基体近似处于平衡状态，低能量界面使原位复合材料在本质上处于稳定状态，而且可以实现对原位生长的增强体的形状态和尺寸的控制。原位自生反应增强镁基复合材料的材料体系包括镁－镁/硅、镁－氧化锰、镁－氧化钛、镁－硼化钛等。

（4）非连续增强钛基复合材料

颗粒增强钛基复合材料的增强体主要有碳化物、硼化物、氧化物等。碳化物如碳化钛、碳化硼、碳化硅；硼化物有硼化钛、二硼化钛；氧化物有氧化铝、氧化锌；其中硼化钛、二硼化钛和碳化钛等几种陶瓷颗粒为最常用的增强体。

颗粒增强钛基复合材料中颗粒增强体的体积分数一般在5％～20％。增强体的主要作用是提高材料的耐磨性能、硬度、高温性能和抗蠕变性能。

碳化钛颗粒是用得最多的一种增强体，如37％的碳化钛颗粒增强的钛基复合材料，拉伸强度达576MPa，模量达140GPa。由于具有低密度，高的比模量、比强度，良好的室温、高温性能，尤其是其优良的耐高温、耐磨损性能，已成为先进飞行器和航空发动机的候选材料。而且在汽车、体育器材等方面也具有广阔的应用前景。如美国在开发大型高性能涡轮发动机的过程中，已经研发出多种钛基复合材料部件，如空心翼片、压缩机转子、箱体结构件、连接件以及传动机构等。为了降低成本，日本制备出了一系列低成本耐磨性好的TiC和TiB颗粒增强的钛合金复合材料，成本可与普通钢抗衡，而耐磨性非常优良，有望应用于汽车部件。

6.1.4　其他金属基复合材料

航空航天领域中应用的其他金属基复合材料主要是指用高性能增强体增强的高性能高温合金或金属间化合物制备的复合材料，这些材料的特点是具有优良的耐高温性能。

用于1000℃以上的高温金属基复合材料的基体主要是镍基、铁基耐热合金和金属间化合物，较成熟的是镍基、铁基高温合金。金属间化合物基复合材料尚处于研究阶段。镍基复合材料可用于液体火箭发动机中的全流循环发动机，这种发动机的涡轮部件要求材料在一定温度下具有高强度、抗蠕变、抗疲劳、耐腐蚀、与氧相容等性能。目前主要是采用镍基高温合金，用钨丝、钍钨丝增强镍基合金可以大幅度提高其高温性能，即高温持久性能和高温蠕变性能。

耐高温金属基复合材料的使用温度通常都在1000℃以上，除了对材料要求具有好的高温持久强度和模量外，韧性和导热性能都应优异。高熔点金属（合金）丝增强镍基和铁基高温合金是此类复合材料的主要品种，用来制造飞机和火箭发动机的零部件、涡轮机叶片、压力容器、飞机的简单受载梁等。

6.1.5 新型的增强形式及其复合材料

为了提高增强效果，得到性能更优良的复合材料，在连续纤维增强和非连续增强的基础上发展出了一些新型的增强方式。

（1）混杂增强金属基复合材料

混杂增强是对连续纤维、短纤维、晶须和颗粒四种增强方式有机地组合，进而得到以不同种类增强体混合增强的新型金属基复合材料。混杂增强产生的混杂效应是对不同性质的增强体的相互补充，而且还可以改善原单一增强体的某些性能。这类复合材料一般是通过液态金属在一定条件下（真空、压力或气体保护）对混杂增强体的预制件浸渍制备而成的。增强体的混杂组合一般分为三类：颗粒－短纤维（或晶须）；连续纤维－颗粒（或晶须）；连续纤维－连续纤维。在短纤维与晶须的预制件，易出现增强体黏结、团聚现象，分布不均匀，而颗粒的混入则有可能解决这一问题。而且在这样的预制件中，只要作为支撑体的短纤维体积分数达到一定值，颗粒含量则可连续控制，并且所有的增强体分布均匀，具有更好的增强效果。在连续纤维增强预制件中，晶须或颗粒的加入能使纤维分布不均匀、黏结及其所引起的局部浸渍困难的现象得到有效抑制，进而使复合材料性能得到改善，尤其是能大幅度提高横向强度，并对其纵向强度、模量、热疲劳性能也加以改善。与单一增强纤维相比，多种连续纤维同时增强可以得到综合性能更好的复合材料。如在石墨与氧化铝纤维同时增强的铝基复合材料中，氧化铝能提供很高的压缩强度，而石墨能提供较高的比刚度。又如在石墨颗粒与碳化硅颗粒增强的铝基复合材料中，硬质的碳化硅颗粒可赋予良好的耐磨性，而片层结构的石墨又使其具有良好的减摩性能。

（2）网络增强金属基复合材料

传统的金属基复合材料，其增强体一般是单一的晶须、长纤维、短纤维或颗粒，而近年来新发展的一种在金属基复合材料中引入三维连续网络增强相的增强方式，由此得到的复合材料叫网络增强或骨架增强复合材料。增强体在复合材料中形成三维空间连续网络并且互相缠绕在一起，使复合材料的综合性能大为提高。

网络增强不同于颗粒增强，颗粒增强虽然也具备各向同性，但颗粒本身是不连续的，其增强效果就不如具有立体连续特征的网络增强，网络增强的显著特点是本身就具有整体强度，微观结构具有双向连续特征，即三维结构。在这种复合材料中，每一种组成相的特性能够被保留，从而为获得多功能的复合材料提供了可能。比如说，陶瓷相可用来提高耐磨性或压缩强度，而金属相就用来提高导电性或加工塑性。实际上自然界中大量存在着这种材料，比如动物骨骼、树木等。动物的骨骼组织就类似于这类增强，动物的骨骼由钙质骨架和有机物组成，因此强韧性很高。网络增强也体现了这种特点。

网络增强能得到更高的增强体积分数、更多的界面结合，不仅使复合材料得到更高的强度和刚度，双向连续的微观结构还赋予这种复合材料独特的功能特性，如高导热性、高导电性、高阻尼性、优良的电磁屏蔽效应等，是集结构和功能于一体化的新型复合材料。

网络增强不仅拓宽了增强相的选择范围，使之不再局限于颗粒、纤维、晶须等，更重要的是提出了一种新的增强结构和方式，将大大拓宽金属基复合材料的研究领域和范围。

6.1.6　金属基复合材料的性能特点与应用

（1）金属基复合材料性能特点

通过基体与增强体的复合，在金属基体的基础上提高了复合材料的整体性能，表现出以下的性能特点。

① 高比强度、高比模量。高强度、高模量、低密度的增强体的加入，明显提高了复合材料的比强度和比模量，特别是高性能的连续纤维如碳纤维、硼纤维和碳化硅纤维具有很高的强度和模量，例如东丽公司新开发的T1000碳纤维，最高强度可达7000MPa，比铝合金高出10倍以上；而石墨纤维最高模量可达900GPa，加入高性能纤维作为复合材料的承载主体，将

复合材料的力学性能大幅提高。图6-1所示为几种金属基复合材料与基体合金的性能比较。

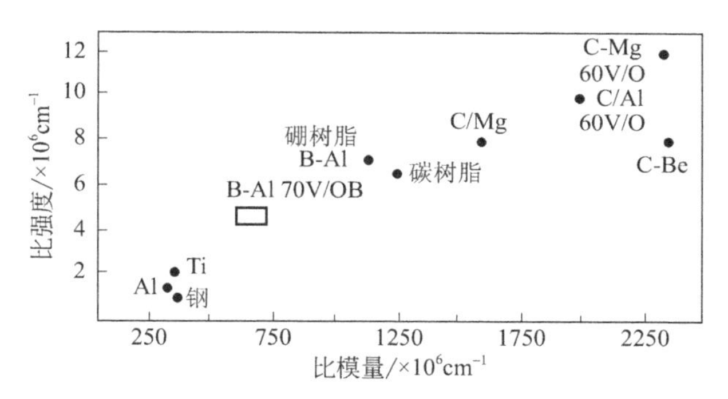

图6-1 几种典型的金属基复合材料与基体合金的性能比较

由图6-1可以看出，铝合金的比强度为1.4×10^6/cm、比模量为280×10^6/cm；而用60%体积分数的碳纤维增强铝基复合材料，比强度为9.6×10^6/cm、比模量达到1800×10^6/cm。用高比强度、高比模量复合材料制造的构件轻质、高强、高模，是航空航天领域中应用的理想结构材料。

② 导热、导电性能好。金属基复合材料中金属基体含量一般>60%（体积分数），所以仍保持金属所具有的良好导热性和导电性。良好的导热性可有效传热，减少构件受热后产生的温度梯度和迅速散热，这对于尺寸的稳定性要求较高的构件尤为重要。良好的导电性可防止飞行器构件产生静电聚集。

③ 线热膨胀系数小、尺寸稳定性好。金属基复合材料所用增强物如碳纤维、碳化硅纤维、硼纤维均具有很小的热膨胀系数，又有很高的模量，特别是高模量、超高模量石墨纤维具有负的热膨胀系数。加入适当含量增强物，并合理设计纤维铺层可使金属基复合材料的热膨胀系数明显下降，如用体积分数为50%的石墨纤维增强镁基，可以实现复合材料的零膨胀，对人造卫星部件特别重要。

④ 优良的高温性能。金属基体的高温性能比聚合物高很多，加上增强材料主要为无机物，在高温下具有很高的强度和模量，因此金属基复合材料比基体金属具有更高的高温性能。例如：石墨/铝复合材料在500℃高温下，仍具有600MPa的高温强度；而铝基体在300℃下强度已下降到100MPa以下。用金属基复合材料制造飞机发动机部件，可大幅度提高发动机的性能和效率。

⑤ 耐磨性好。高耐磨性材料在汽车、机械工业中具有重要的应用前景。如汽车发动机、刹车盘、活塞等。金属基复合材料中加入了硬度高、耐磨的陶瓷纤维、晶须、颗粒，具有良好的耐磨性。例如：碳化硅颗粒增强铝基复合材料的耐磨性比铝高出 2 倍以上，甚至比铸铁的耐磨性还好。

⑥ 良好的断裂韧性和抗疲劳性能。金属基复合材料的断裂韧性和抗疲劳性能取决于增强体与金属基体的界面状态、增强物的分布以及各组分本身的特性。适中的界面结合强度既可有效地传递荷载，又能阻止裂纹的扩展，提高断裂韧性。例如：碳/铝复合材料的疲劳强度与静拉伸强度比约为0.7。

⑦ 不吸潮、不老化、气密性好。与树脂基复合材料相比，金属性能稳定、组织致密，不会老化、分解、吸潮等，在太空中使用不会分解出低分子物质污染仪器和环境。

（2）金属基复合材料的应用

金属基复合材料由于其高性能和高成本，首先被开发用于航空航天和军事领域，但随着技术的成熟和进步，新产品不断开发，在交通、能源、电子通信等领域的应用迅速推广。

在航天领域，美国NASA首次将硼纤维增强铝基复合材料用于航天飞机轨道器中段（货舱段）机身的加强桁架管形支柱（见图6-2），整个机身架共有数百件带钛套环端接头的硼/铝管形支撑杆，比原设计方案用铝合金减重达45%。

图6-2　航天飞机轨道器中机身的硼/铝复合材料构架

另一个成功例子是用60%的石墨增强的铝基复合材料制成的哈勃太空望远镜的高增益天线悬架（见图6-3）。它长3.5m，具有很高的轴向刚度和超低的轴向热膨胀系数，能在太空运行中精确保持天线的正确位置，并且具有良好的导电性能和波导功能，能在飞行器和控制系统之间进行信号传输，并抗弯曲和振动。

图6-3 哈勃望远镜的石墨/铝复合材料天线悬架

在航空应用方面，用碳化硅短纤维增强的钛基复合材料飞机主承力构件成功地用于F-16战斗机的起落架的后撑杆，荷兰皇家空军为这一应用提供了全部飞行验证试验（见图6-4）。

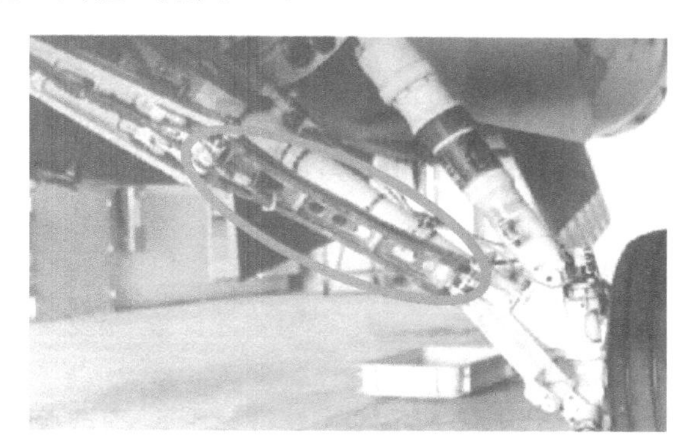

图6-4 用碳化硅短纤维增强的钛基复合材料

F-18“大黄蜂”飞机上所用的碳化硅颗粒增强铝基复合材料制造液压制动器缸体，与原使用的铝青铜相比，不仅质量减轻、热膨胀系数降低，而且疲劳寿命提高一倍以上。

相对于航天，金属基复合材料在航空领域中的应用上稍为滞后，但近几年发展很快，碳化硅颗粒增强的铝基复合材料在大型客机上正式应用。碳化硅晶须增强的钛基复合材料在飞机涡轮发动机中得到应用，如空心翼片、压缩机转子、箱体结构件、连接件以及传动机构等。

金属基复合材料近年来在其他领域中的应用也在逐步推广，其中汽车工业中应用较多。

图6-5所示为用碳化硅增强铝基复合材料制成的汽车后刹车盘，质量不到2kg，材料成本是5美元/kg。

图6-5　碳化硅增强铝基复合材料制作的汽车后刹车盘

此外，在电子工业中可用作封装材料，在体育器材中可用来制造自行车框架、越野赛车的发动机部件等。

金属基复合材料目前处在快速发展中，成型工艺不断改进，新品种与新技术不断开发，成本不断下降，应用不断扩展。金属基复合材料的发展趋势主要表现为结构-功能一体化；制备与成型加工一体化，成型技术低成本化。

6.2 陶瓷基复合材料

陶瓷基复合材料是将陶瓷材料基体与纤维、晶须或颗粒等增强体复合而成的一类新型多相（至少两相）材料体系，是先进复合材料大家族中的一位重要成员。

陶瓷与人们的生活和生产活动密切相关，也有着悠久的发展历史，中国的古代文明曾因无数精美和高雅的陶瓷艺术品而放出灿烂光彩。20世纪30年代以来，现代工业和科学技术的高速发展，对陶瓷提出了新的要求。电力的普及与大规模的应用，需要大量高强高绝缘的绝缘器件，电容器制作需要高介电材料，电子通信需要高频绝缘材料，现代热电、航空航天、高速交通、石化和机械加工更是需要高温、高强、耐腐蚀的高性能陶瓷材料，而现代高新技术更是对新型的功能陶瓷提出了更广泛的要求，所有这些，推动了新型陶瓷材料的发展，使这成为有别于传统陶瓷的一类材料，称之为现代陶瓷或先进陶瓷。

材料的复合化是现代新材料发展的重要趋势之一，这对于现代陶瓷改性和赋予新功能更有明显体现。同金属和高分子材料相比，陶瓷材料在耐热性、耐磨性、抗氧化、抗腐蚀以及高温力学性能等方面都具有十分明显的优点，但其本质上的脆性却极大地限制了它的推广应用。为了克服单质陶瓷材料敏感性高、韧性低、可靠性差的缺点，自20世纪50年代开始，一种在现代陶瓷基础上发展起来的新型材料问世，它是通过在单一陶瓷中加入多种第二相材料而得到的多相材料体系，即所谓的陶瓷基复合材料。

6.2.1 陶瓷基体和增强体

同其他先进复合材料一样，陶瓷基复合材料也包括两相最基本的组分材料，即基体和增强体。

（1）陶瓷基体

用于陶瓷基复合材料的陶瓷基体主要有：氧化物陶瓷和非氧化物陶瓷，后者包括碳化物陶瓷、氮化物陶瓷、硼化物陶瓷、硅化物陶瓷。

① 氧化物陶瓷主要有氧化铝陶瓷和氧化锆陶瓷。

氧化铝陶瓷的主要成分是氧化铝（Al_2O_3），根据组织结构不同，又可分为刚玉瓷、刚玉-莫来石瓷和莫来石瓷。氧化铝突出的性能是耐高温（熔点可达2000℃）、高绝缘、高硬度、化学性能稳定和低价格，缺点是低韧性和高温强度低。当温度达到800～1000℃时，强度急剧下降。氧化铝陶瓷由于低价格，常被制成纤维、晶须、颗粒，用作增强体，在金属基复合材料中用得普遍。

氧化锆陶瓷以氧化锆（ZrO_2）为主要成分，主要特点是耐高温，最高使用温度为2000～2200℃，常被用作高温绝缘热材料。另一个特点是在外力作用下，分子结构会发生所谓晶相型的转变，这种相变过程将吸收能量，在微裂纹尖端产生应力松弛，阻止裂纹扩展而实现增韧。利用这一特性，氧化锆陶瓷被用来增韧其他陶瓷，得到氧化锆相变增韧陶瓷（ZrO_2 toughen ceramics，ZTC），这种“相变增韧”是目前常用的陶瓷改性方法之一。

② 非氧化物陶瓷是指不含氧的金属碳化物陶瓷、氮化物陶瓷、硼化物陶瓷和硅化物陶瓷等。这类化合物在自然界中很少存在，需要人工合成。

非氧化物陶瓷涉及面广，每一类都有许多品种，如碳化物中有碳化硅陶瓷、碳化硼陶瓷、碳化钛陶瓷、碳化锌陶瓷；氮化物中有氮化硅陶瓷、氮化硼陶瓷、氮化钛陶瓷等，它们既可用作陶瓷基体，也可制成不同形状的增强体。

碳化硅陶瓷以碳化硅为主要成分，具有优良的力学性能、高的抗弯强度、优良的抗氧化性和耐腐蚀性、高抗磨损性能及低摩擦系数。高温力学性能（强度、抗蠕变性等）优异，高温强度可一直维持到1600℃，是陶瓷材料中高温强度最好的材料。碳化硅陶瓷的缺点是脆性大，断裂韧性低。用纤维（或晶须）补强、异相颗粒弥散强化制成复合材料，能提高韧性和强度。

碳化硼陶瓷具有质量轻、硬度高、耐磨损性能高、耐冲击性能高、可吸收中子等性能，同时具有半导体特性和较好的导热性能，可用作高温半导体元器件，碳化硼陶瓷的热膨胀系数低，热稳定性好，耐酸、耐碱、抗化学腐蚀。

氮化硅的强度很高，尤其是热压氮化硅，是世界上较坚硬的物质之一。它极耐高温，强度一直可以维持到1200℃的高温而不下降，受热后不会熔成熔体，一直到1900℃才会分解，并有优异的耐化学腐蚀性能，能耐几乎所有的无机酸，也能耐很多有机酸和烧碱溶液。同时又是一种高性能电绝缘材料。氮化硅陶瓷还有良好的透微波性能及介电性，可用作导弹和飞机的雷达天线罩。

氮化硼是白色、难溶、耐高温的材料。通常的氮化硼是石墨型结构，俗称为白色石墨。另一种是金刚石型，石墨型氮化硼在高温（1800℃）、高压（800MPa）下可转变为金刚型氮化硼，和石墨转变为金刚石的原理类似。这种氮化硼密度和金刚石相近，它的硬度和金刚石不相上下，但耐热性比金刚石好，是一种新型耐高温的超硬材料。

综上所述，几乎所有的现代陶瓷都有质轻、高强、高硬、耐高温、尺寸稳定性好、抗腐蚀等优点，缺点是脆性大，断裂韧性低，用作结构材料，必须进行强化增韧，即所谓的强韧法，才能得到广泛应用。

（2）增强体

陶瓷基复合材料的增强基本分连续纤维增强和非连续增强。

连续纤维有碳、硼、碳化硅、氮化硅、氧化铝等制成的连续纤维；非连续增强体包括上述各种材料的晶须和颗粒。

应该说明的是在陶瓷基复合材料技术中常用补强（strengthenning）代

替增强（reinforcing），这是因为陶瓷基体本身就具有很高强度，它的力学性能与加入的第二相基本是在同一水平，不像树脂基体和轻金属基体，强度模量与增强纤维、晶须和颗粒相差很多，增强相的加入能大幅度提高力学性能，所以叫增强；而在陶瓷基复合材料中第二相的加入主要是提高韧性和抗脆性断裂能力，也就是强韧化，所以就用补强。

连续纤维增强一般是先将纤维进行二维或三维编织成一定形状的预制件，再用化学气相渗透（chemical vapour infusion，CVI）或化学气相沉积（chemical vapour deposion，CVD）方法将陶瓷基体连续充于纤维骨架中，这种方法能得到性能较好的复合材料。另一种方法是将纤维浸入陶瓷浆料中进行缠绕，制坯件，再热压烧结成型。

在选择纤维增强体时，应考虑纤维与基体的化学性能相容性好、无明显的不良化学反应、热膨胀系数和弹性模量要相匹配以及合理的纤维体积分数等。

连续纤维增强的效果好，复合材料具有较高韧性、高温强度及抗热震性，可靠性高，但制备工艺复杂，成本很高，且性能优良的陶瓷纤维难以获得。

非连续增强包括晶须增强和颗粒增强。由于常用的增强陶瓷晶须制备工艺复杂，价格较高，因而应用不及颗粒增强广泛。

非连续增强主要是颗粒增强，又分延性颗粒增强和刚性颗粒增强。延性颗粒如金属陶瓷、反应烧结的碳化硅，烧结氧化铝、氮化铝等，它们能在外力作用下产生一定塑性变形来缓解应力集中，达到增韧补强效果。另一类是刚性粒子复合于陶瓷中，达到提高刚性的目的。根据加入颗粒的粒径，颗粒增强又分真正颗粒增强和弥散强化，真正颗粒增强的粒子直径在几个到数十个微米之间，而弥散强化的粒子十分细小，粒径在纳米到几个微米之间。弥散相大多采用高熔点、高硬度的非氧化物材料，如碳化硅、硼化钛、碳化硼等，基体一般为氧化铝陶瓷、氧化锆陶瓷和莫来石陶瓷等；并且有最佳的尺寸、形状及含量；与基体有良好的结合力，但溶解度低，不与基体发生化学反应。

目前先进颗粒陶瓷基复合材料大多是弥散颗粒增强陶瓷或称复相陶瓷。与纤维或晶须相比，颗粒制备成本低，各向同性、强韧效果明显，在高温下仍能发挥作用。

由于相变增韧是利用氧化锆颗粒相，因此相变增韧材料也归于颗粒增强材料。氧化锆增韧陶瓷（ZTC）是近年来发展很快的一类颗粒弥散相变增韧材料。

（3）陶瓷基复合材料分类

综上所述，陶瓷基复合材料可按基体种类和增强体形状和种类进行分类。

按基体分类，有氧化物基复合材料，包括玻璃基、玻璃陶瓷基和陶瓷基复合材料；非氧化物基复合材料，包括氮化物基、碳化物基和硼化物基复合材料。

按增强体形状可分纤维增强复合材料，包括短纤维和长纤维增强复合材料；晶须增强复合材料；颗粒增强复合材料；层状陶瓷基复合材料。

下面将按增强体形状分类来介绍一些主要的陶瓷基复合材料。如前所述，不同于树脂基和金属基复合材料，陶瓷基复合材料技术的重点是增韧强化，提高抗脆性断裂性能。按照现代断裂理论，一种材料的断裂破坏需要吸收一定的能量，叫断裂能，断裂能越大，断裂强度就越高；另一方面，断裂又分脆性断裂和韧性断裂，断裂强度高，但如果不是韧性断裂，这种材料性质也是不可取的。如果把瞬时的脆性断裂转变成阶段性的或由小到大的连续变化的过程，就得到韧性断裂，韧性断裂有一个随时间的发展过程，可以避免由材料脆断而引起的灾难性事故。因此对结构材料，特别是航空应用的结构材料，增强增韧一直是重要的研究课题。下面的介绍也将围绕这一思路进行。

6.2.2 相变增韧陶瓷

相变增韧是利用氧化锆陶瓷分子结构中的马氏体相变来改善陶瓷脆性，具体来说，是通过相变过程发生的体积变化来实现增韧，这要从氧化锆陶瓷的微观晶相结构说起。

氧化锆分子结构中有可能存在三种稳定的晶型：单斜（monoclinic）氧化锆（m-ZrO_2）、四方（tetragonal）氧化锆（t-ZrO_2）和立方（cubic）氧化锆（c-ZrO_2），上述三种晶相结构存在于不同的温度范围内，并随温度变化而发生相互转变。

常温下氧化锆只以单斜相出现，加热到1170℃左右转变为四方相，冷却时四方相又会向单斜相自动转变，这是一种在分子尺度上的分子结构形态变化，伴随有体积效应和热效应，称之为马氏体转变。

氧化锆陶瓷这种马氏体转变伴随的体积变化，使它很难得到烧结的致密陶瓷，而且在烧结冷却时，四方体向单斜体转变易造成体积膨胀开裂。但是添加稳定剂以后，四方相可以在常温下稳定，常用的稳定剂是钙的氧化物和镁的氧化物及稀土元素Ce、Y。

氧化锆陶瓷增韧正是利用了这种相转变的体积效应。经高温烧结由单斜相转变为四方相，而烧结致密冷却后，四方相应自动转变为单斜相，但由于加入了稳定剂使这种转变受到抑制，四方相在常温下仍可保存，但它有一种变成单斜相的自发趋势，在外力作用下，使四方相的氧化锆粒子解除约束，发生了四方相ZrO。（t-ZrO_2）转变成单斜相（m-ZrO_2）的马氏体相变，相变过程中产生大约3%～4%的体积膨胀，由于体积膨胀而吸收部分能量，使裂纹尖端的应力场松弛，增加裂纹扩展阻力，从而实现增韧。这种相变增韧是在外力作用下发生的，所以称之为应力诱导相变增韧。

相变增韧陶瓷是一种极有发展前途的新型结构陶瓷，近年来，具有各种性能的氧化锆陶瓷和以氧化锆为相变增韧的复合陶瓷迅速发展，在现代高新技术和工业部门得到广泛应用。与此同时，有关氧化锆相变的研究也受到了高度重视，在固态相变研究领域中占据了仅次于金属的重要地位。

6.2.3 颗粒增强陶瓷基复合材料

颗粒增强陶瓷基复合材料是指在陶瓷基体中引入第二相——颗粒增强相，并使其均匀弥散分布与基体复合而得到的一种强韧化的陶瓷基复合材料。陶瓷基体可以是氧化物陶瓷（如氧化铝、莫来石，刚玉石等）和非氧化物陶瓷（如各种氮化物、碳化物、硼化物等）。第二相颗粒可以是氧化物和非氧化物陶瓷颗粒或金属粉末颗粒，按其性质分为刚性（硬质）颗粒和延性颗粒。

颗粒增强陶瓷是在金属材料弥散强化技术的基础上发展起来的一种陶瓷基复合材料技术，可明显改善陶瓷基体的强度、韧性和高温性能，尽管颗粒的增韧效果不如晶须与纤维，但具有制备工艺简单、第二相分散容易，易于制备形状复杂的制品，价格低廉等优点，颗粒增强可以得到各向同性和高温强度、高温蠕变性能有所改善的陶瓷基复合材料。

颗粒弥散强化陶瓷基复合材料多采用机械混合法或化学混合法得到均匀混合料，再经成型后通过热压、无压烧结或热等静压烧结制成致密的复合材料。制备工艺的关键是选择合适的第二相颗粒，如何实现均匀弥散分布及烧结工艺。第二相颗粒引入的方式有直接混合法、原位生长法共沉积法，包裹法、溶胶凝胶法和气相法等。

陶瓷基体与第二相颗粒的物理相容性（弹性模量、热膨胀系数是否匹配）、化学相容性（是否发生化学键合作用、是否有中间过渡产物形成等）、第二相颗粒本身的粒度和强度、在陶瓷基体中的均匀分散程度、在陶瓷基体中的分布方式（处于晶界或晶粒内）均对强化效果有重要影响。颗粒复合增韧的原则如下。

① 基体与颗粒复合相物理性能匹配。基体与颗粒的弹性模量和热膨胀系数必须匹配。这两个性能参数的差异决定了复合材料中基体与颗粒界面上的应力分布状况和大小，而这种应力分布状况和大小又直接决定了增韧的效果。

② 基体与颗粒复合相化学性能匹配。在复合材料体系中要求基体与颗粒增强相无强烈的化学反应，因而要求两者化学性能相近或不起化学反应，此外，还要求基体与颗粒能产生理想的界面。

③ 基体与颗粒的粒径大小相匹配。颗粒复合材料的性能和质量与粉末颗粒的粒度、含量及基体与增强基粒径的相对大小有关。

④ 颗粒本身应具有较好的综合性能，如高强度、高模量、高热稳定性和化学稳定性。

颗粒增强分刚性颗粒和延性颗粒。刚性颗粒弥散强化增韧机理主要有裂纹分支、裂纹偏转和钉轧效应等。主要是利用颗粒与基体界面在外力作用下或温度改变时，会产生许多微裂纹，当主裂纹扩展到这些微裂纹区的时候，许多微裂纹会同时扩展，这样分散了断裂能，使主裂纹扩展受阻，从而增加了断裂韧性。

另一种情况是在外力作用下产生的主裂纹扩展到界面时，由于刚性会阻止裂纹继续扩展，改变了扩展路径，使其沿界面各个方向扩展而增加了扩展距离，吸收了更多能量，从而增加了韧性。一般刚性颗粒的刚性大于基体，材料的增韧机理以裂纹偏转为主。刚性颗粒弥散强化是一种有效的增韧方法，可使断裂韧性提高50%～100%。

延性颗粒主要是一些金属颗粒，其增韧机理主要是其本身的塑性，当裂纹扩展到延性颗粒时，颗粒会产生塑性变形，而不发生破坏，裂纹继续扩展从而受到阻碍，达到增韧效果。这种情况，延性颗粒的尺寸和塑性变形能力，对增韧效果有显著影响。

综上所述，颗粒的加入对陶瓷基复合材料的性能有改善作用，对非氧化物基体，延性颗粒可提高陶瓷的强度和韧性、抗磨损性和抗热震性。而刚性颗粒增强陶瓷，能得到更好的高温力学性能，这类材料耐高温，抗氧化，而且制备工艺简单。

另外，随着纳米技术的快速发展，纳米技术也被用于陶瓷的强韧化，使新型纳米陶瓷复合材料得到开发，纳米是一种粒度更小的颗粒，将纳米颗粒引入陶瓷基体，会产生一般颗粒得不到的特殊效应，如表面效应、体积效应、量子尺寸效应等，通过材料设计和有效的纳米分散、复合而使复合材料得到更好的力学性能或某种特殊功能，纳米复合材料技术展现出了非常广阔的发展前景。纳米弥散强化的陶瓷基复合材料目前仍处于研究阶段，进入实际应用较少。

6.2.4 晶须补强陶瓷基复合材料

晶须补强陶瓷基复合材料是以晶须（whisker）作增强体与陶瓷基体复合而成的一类陶瓷基复合材料。

SiC晶须是一种在受控条件下人工培植生长的高纯度细长单晶体，直径为纳米级至微米级，其晶体结构几乎接近完整，不含晶界、亚晶界、位错、空洞等晶体结构缺陷，晶须的材料品种较多，几乎所有氧化物和非氧化物陶瓷材料都可以制晶须，包括氧化铝、氮化硅、氮化硼、碳化硅、碳化硼等，但目前用得较成熟的是碳化硅晶须。其强度接近晶体理论强度，具有高熔点（＞2700℃）、低密度（3.21g/cm^3）、高强度（抗拉强度为7～30GPa）、高弹性模量（弹性模量为620GPa）、低热膨胀率以及耐磨、耐腐蚀、抗高温氧化能力强等优异特性。

晶须补强陶瓷基复合材料可分为外加补强和原位生长晶段补强。外加晶须补强是将晶须分散在基体中进行混合、成型烧结而成。原位生长是将晶须生长剂与基体原料直接混合，放入模内成型，并通过加温控制，使坯件内生长出晶须，再烧结成制件。

碳化硅晶须增韧陶瓷基复合材料的机理有两种，即裂纹转向机理与晶须的拔出桥连机理。

裂纹转向机理是指裂纹扩展到晶须/基体界面时，由于晶须的高强度而阻止了某些裂纹的扩展方向，使其沿相对较弱的界面方向扩展，使裂纹扩展的路径曲折复杂，这种情况发生在晶须/基体界面结合较弱的部位，裂纹扩展方向改变，将部分能量吸收，从而提高了材料的断裂韧性。

拔出桥连机理是指应力传递到界面时，部分脆弱的界面裂开，晶须的抗拉强度高而不致断裂，而从基体中拔出，并在裂纹的后部形成桥连，这个过程伴随能量的吸收，晶须的长度较大强度较高时，拔出效应显著，能量耗散也就越多，能量的耗散会阻止裂纹继续扩展，从而提高材料的断裂韧性。

晶须补强陶瓷基复合材料主要有以下几种。

① 碳化硅晶须补强氧化铝陶瓷复合材料。氧化铝陶瓷具有熔点高、硬度高、耐磨、结构稳定等优点，但其强度和断裂韧性较低。用碳化硅晶须增强氧化铝，采用热压烧结，补强陶瓷的弯曲强度可提高到600～900MPa，断裂韧性（K_{IC}为 8.78MPa · $m^{1/2}$）比纯铝的K_{IC}提高了近一倍，可用于航空发动机部件。

② 碳化硅晶须增强莫来石陶瓷。莫来石是一种重要的结构和功能陶瓷候选材料，目前已成为先进陶瓷材料领域的一个重要研究分支。但相对而言，莫来石材料的弯曲强度和断裂韧性都比较低，从而影响了其实际应用。但有的研究中表明，用碳化硅晶须增强莫来石，强度可达570MPa，断裂韧性为4.5MPa · $m^{1/2}$，比纯莫来石提高100%以上。

③ 碳化硅增强氮化硅陶瓷。加入10%～20%体积分数的碳化硅晶须后，氮化硅陶瓷的断裂韧性可提高30%～100%，最高值可达13MPa · $m^{1/2}$。晶须的加入还可改善陶瓷的性能分散性、性能稳定性。多数情况下，晶须增韧对材料的弯曲强度提高不大，但通过调整工艺条件，强度也可提高20%～50%。

④ 氧化铝晶须增强氧化锆陶瓷。氧化铝晶须具有高强度、高模量和高温抗氧化性能。氧化锆陶瓷由于相变增韧具有优异的常温力学性能，但在高温下性能迅速降低，影响了高温使用。氧化铝与氧化锆有良好的化学相容性，可以在氧化气氛下烧成，同时两者的热膨胀系数相近，热稳定性相匹配。用氧化铝增韧氧化锆，不仅能保证常温力学性能，还能提高复合材料的高温性能，如氧化铝增韧的氧化锆，1200℃的强度达300MPa，断裂韧性达6MPa · $m^{1/2}$。

⑤ 氮化硅晶须增韧氧化铝陶瓷。氮化硅晶须可以大幅度提高氧化铝陶瓷的强度、韧性和抗热震性。如20%质量分数的氮化硅制得的铝基复合材料，强度提高了50%，断裂韧性提高了1.5倍。

⑥ 氮化硅晶须增强碳化硅陶瓷。它既保留了碳化硅陶瓷的耐高温、抗蠕变、抗氧化、抗化学腐蚀、耐磨等性能，又有比基体更高的强度和韧性，

最高使用温度达1400℃。且二者具有良好的物理相容性，化学性质相近，界面结合力强，主要用于航空航天高温部件。

晶须的制造成本高，而且许多晶须本身具有一定毒性，目前大多数应用仍处在研究探索阶段，但其优异的力学性能必将在复合材料技术中体现出巨大的发展潜力。

6.2.5 连续纤维增强陶瓷基复合材料

连续纤维增强陶瓷基复合材料是用陶瓷基体与连续纤维通过专门的成型工艺复合而成的一类复合材料。应该说，无论是在树脂基、金属基或陶瓷基复合材料中，用连续纤维增强或补强的效果都是最好的。但对高温的金属基和陶瓷基来说，用连续纤维作增强体的最大问题是成型温度高、技术复杂，制造成本高，不易制造大尺寸和形状复杂的制件。尽管如此，对连续纤维增强陶瓷基复合材料的研究一直在继续，已经达到实用化。如法国生产的“Cerasep”2D-Nicalon/SiC已用于“Rafale”战斗机的喷气发动机和“Hermes”航天飞机的部件和内燃机的部件。美国近年来正在采用不同纤维/基体复合材料研制F110涡扇发动机的扩张型内调节片，如2D-Nicalon/BN/SiC复合材料，经过100h地面飞行试验后，未发现材料性能降低。航空发动机的其他燃气后段结构件，如火焰稳定器（使用温度范围800～1100℃）和尾锥体（使用温度范围800～950℃）也采用陶瓷基复合材料。由于纤维增强陶瓷基复合材料有着优异的高温性能、高韧性、高比强度、高比模量以及热稳定性好等优点，能有效地克服对裂纹和热震的敏感性，因此，在重复使用的热防护领域有着重要的应用前景。

用作陶瓷基复合材料的连续纤维主要有碳纤维、硼纤维、碳化硅纤维及氧化物和氮化物纤维，这些都是高性能纤维材料，具有很高的比强度和比模量以及优异的耐高温性能。

6.2.6 仿生层状陶瓷基复合材料

陶瓷材料增韧一直是结构陶瓷材料研究的重点，这是因为陶瓷本身固有的脆性限制了它的应用，使其耐高温、耐磨损、耐腐蚀、重量轻等很多优点得不到应有的发挥。

层状复合陶瓷的开发是源于自然界中的珍珠贝壳结构的启发，研究表明，贝壳中珍珠层的结构与抹灰砖墙结构相似，也是由一层层超薄的碳酸钙通过几十纳米厚的有机蛋白基连接在一起的，其中碳酸钙约占体积的90%以上。这种结构的整体力学性能远高于各组成相本身的性能，断裂韧性提高近20倍。贝壳结构的这一特点启发了材料科学工作者的思维，陶瓷的韧化除了从选择不同的组分材料进行设计外，还可以从改变材料的宏观结构来设计，于是在20世纪90年代开始了对层状复合陶瓷的研究。

层状复合陶瓷是在脆性的陶瓷层间加入不同材质的较软或较韧的材料层（通常称之为夹层、隔离层或界面层）制成的，它克服了单层陶瓷的脆性，在保持高强度和抗氧化性的同时，大幅度提高了材料的韧性和可靠性，因而可以用于对安全系数要求高的领域。

与非层状陶瓷相比，层状复合陶瓷的断裂韧性可以产生质的飞跃，如碳化硅/石墨层状复合陶瓷，断裂韧性从基体的3.6MPa · $m^{1/2}$提高到15MPa · $m^{1/2}$，增长了4倍多，断裂能则增长了2个数量级。层状复合不仅可以改善陶瓷的韧性，而且还具有工艺简单、周期短、价格低的优点。尤其适合制备薄壁类结构陶瓷件。同时这种层状结构还能与其他增韧机制相结合，形成不同尺度多级增韧协同作用，立足于简单成分多重结构复合，从本质上突破了复杂成分的简单复合的思路。

层状复合陶瓷的性能很大程度上取决于所选用的夹层材料，在选材时应考虑以下原则。

① 基体材料应具有较高强度和弹性模量，常用的有Al_2O_3、ZrO_2、SiC、Si_3N_4等。基体材料的强度直接影响复合材料的断裂韧性，强度越高，断裂韧性越高。基体材料增韧也可以提高层状复合材料的断裂性能。

② 夹层材料是决定层状陶瓷韧性高低的关键。夹层材料应与基体不发生不利化学反应，以免生成脆性产物；热膨胀系数相差不应太大，以避免热应力开裂；强度适当，性能稳定，在复合材料使用中本身能保持正常功能，避免发生软化坍塌、蠕变变形、氧化变质等。

常用的金属夹层材料有 Ni、Al、Cu、W等。延性金属材料可以发生较大塑性变形来吸收能量，还能在一定程度上使裂纹尖端钝化，使裂纹在弱界面发生偏转，并在裂纹尾部形成桥接等，起到强化和增韧效果。且由于金属层与陶瓷层热膨胀系数的差异，会在材料烧成后的冷却过程中使陶瓷层中产生残余压应力，有利于提高材料韧性。

层状复合陶瓷是一种新型的陶瓷材料，有许多问题有待于继续研究。在材料研究方面，应充分发挥其可设计性的特点，对材料的组分和结构进行优化设计，进一步提高材料的力学性能。在性能改进方面，除室温强度和韧性外，应加强对疲劳性能、抗氧化性、抗热震性及高温强韧性的研究。在应用方面，应根据层压陶瓷的结构特点，发展高温型薄壁结构件，如发动机燃烧室内衬、浮壁等，尽快将材料推向实际应用。

6.2.7 陶瓷基复合材料的应用

陶瓷基复合材料最突出的优点是轻质、耐高温、抗氧化和抗腐蚀，用作高温结构材料有着不可替代的作用，随着设计与制备技术的发展，现在也正向汽车发动机、大功率内燃机及其他领域发展。

（1）在飞机发动机中的应用

要提高航空发动机的效率，必须提高其工作温度，关键是用能承受更高温度的结构材料。连续纤维增强陶瓷基复合材料在高温下有足够的强度，且有良好的抗氧化能力和抗热震性，非常适合作高温结构材料，如应用于整体燃烧室、叶片、排气喷管、涡轮间过渡机匣、尾喷管等。如法国以CVI法制备的C/SiC材料用于其狂风战斗机的发动机的喷嘴瓣，以及将碳化硅纤维增强的陶瓷基复合材料用于幻影2000战斗机涡轮风扇发动机的喷管内调节片。美国空军材料实验室已经研制成功了1200～1370℃下发动机用陶瓷基复合材料。迄今为止，陶瓷基复合材料的使用温度已可达到1650℃或更高。如果用陶瓷发动机代替金属发动机，燃油消耗可降低10%～20%，功率提高30%以上，在节能环保上体现出巨大效益。

（2）在火箭发动机领域中的应用

20世纪80年代末至90年代初，欧美国家已研制成功一系列C/SiC、SiC/SiC液体发动机燃烧室、推力室和喷管扩张段。例如，在Ariane HM7发动机上，使用 Sepcarbinox 3D C/SiC复合材料（Novoltex texture）喷管扩张段，燃烧室压力达3.5MPa，燃烧温度达3350K，总工作时间超过1600s，未发现C/SiC复合材料喷管扩张段出现质量损耗和C/SiC复合材料降解。与常用的金属铌（密度9g/cm^3）相应部件相比，该喷管不仅结构简单（单壁结构），且质量减轻约75%，同时无需泵送冷却保护，燃料氢全部用于推进发动机，从而增加了卫星的有效载荷和延长了在空间的工作寿命，同时还可减少冷却用燃料排放对环境的污染。

（3）在热保护系统中的应用

在航空航天领域，当飞行器进入大气层后，由于摩擦产生的大量热量，导致飞行器受到严重烧蚀，为了减小飞行器的这种烧蚀，需要一个有效的防热体系。如航天飞机和导弹的鼻锥、导翼、机翼和盖板等。陶瓷基复合材料是制作抗烧蚀表面隔热板的较佳候选材料之一。目前欧洲正集中研究载人飞船及可重复使用的飞行器的可简单装配的热结构及热保护材料，C/SiC复合材料是其研究的一个重要材料体系，并已达到很高的生产水平。波音公司通过测试热保护系统大平板隔热装置，也证实了C/SiC复合材料具有优异的热机械疲劳特性。

陶瓷基复合材料今后的发展重点是制备技术，实现工艺最佳化，开发多种工艺技术，以得到高性能和低成本的复合材料。陶瓷基复合材料的设计将致力于多种强化和韧化机制的配合，随着纳米技术的应用，陶瓷基复合材料将向多功能化和功能－结构一体化的方向发展。

6.3 碳基复合材料

碳基复合材料是以炭材料为基体，与加入的增强体复合而成的一类材料，其中在航空航天应用的主要是碳－碳复合材料（carbon-carbon composite，C C）。

碳－碳复合材料是以碳纤维或石墨纤维为增强体，以炭或石墨为基体的一类复合材料。碳－碳复合材料出现于20世纪50年代，随后几年，随着碳纤维的制备形成产业化的规模，碳－碳复合材料得到快速发展。

碳－碳复合材料最突出的优点是耐高温，热稳定性好，在2000℃下能继续使用，不发生任何性能变化；其次是轻质、高强高模、热膨胀系数小、抗腐蚀、抗热冲击、耐摩擦、化学性能稳定性等。

自20世纪50年代问世以来，在航空航天领域中得到了长足的发展，由于其极耐高温、摩擦性好，目前已广泛用于固体火箭发动机喷管、航天器和航天飞机烧蚀防热部件、飞机及赛车的刹车装置、热元件和机械紧固件、热交换器、航空发动机的热端部件、高功率电子装置的散热装置和撑杆等方面。

另外，由于碳－碳复合材料具有良好的生物相容性，在生物工程中也得到开发应用，可用于与血液、软组织、骨骼相接触的人体的外科治疗。

碳－碳复合材料最大的不足是制备技术复杂、制造周期长、成本高，因此开发新的高效制备技术，缩短制造周期，降低成本是今后的重要研究课题。

6.3.1 碳-碳复合材料制备技术

由于碳-碳复合材料制备工艺周期长，工序多，成本高，因此，开发新型高效的制备技术、降低成本是碳-碳复合材料今后重要的研究内容之一。

碳-碳复合材料的制备原理是先将增强纤维制成预制体，再用树脂或沥青等有机物对预制体进行浸渍和填充得到坯件，再将坯件用热处理方法在惰性气氛中将有机物转化为炭而得到碳-碳复合材料。

制备碳-碳复合材料的主要步骤为：预制体制备→致密化处理→最终高温热处理。

（1）预制体制备

在进行预制体制备前，应根据所设计复合材料的应用和工作环境来选择纤维种类和编织方式。例如，对重要的结构选用高强度、高模量纤维，对要求热导率低的则选用低模量碳纤维，如黏胶基碳纤维，目前用得最多的是PAN基碳纤维。

纤维预制体制备是碳-碳复合材料制备工艺的重要环节，它构成碳-碳复合材料的骨架，不仅决定了碳纤维的体积分数和纤维方向，还决定了孔隙的几何形状和分布，最后决定了复合材料的致密度和最后性能。

根据不同的使用要求，纤维预制体可制成非连续的、连续的、二维平面交织的和三维整体的结构。

非连续的预制体主要用短切纤维制成纤维网布，再与连续纤维层叠，然后通过浸渍沥青致密化处理，用于制造刹车盘预制体。

连续纤维先制成预浸带，再切割成层片叠合，经热压成型后，以碳化处理成碳-碳复合材料。

二维织物生产成本较低，并且形成的复合材料在平行于布层的方向上抗拉强度高，提高了抗热应力性能和断裂韧性，容易制造大尺寸形状复杂的部件。

二维织物增强的主要缺点是垂直布层方向的抗拉强度较低，层间剪切强度不高。为了解决这个问题，又发展了三维织物，三维结构是最简单的多维编织结构，其纤维从经、纬、纵三个方向垂直编织而成，可保证纤维发挥其最大结构承载能力。为了获得各向同性更佳的织物结构，对基本的三维正交结构进行适当修改可得到四维、五维、七维和十一维增强织物结构，五维结构是在三维正交结构的基础上沿XY平面增加两个增强方向，使得其在XY面内±45°方向具有新的增强效果。

（2）致密化处理

预制体含有许多孔隙，密度也低，不能直接应用，须将炭沉积于预制体，填满其孔隙，才能成为真正的结构致密、性能优良的碳－碳复合材料，此即致密化过程。传统的致密化工艺大体分为液相浸渍和化学气相沉积（CVI）两种。

① 液相浸渍工艺。液相浸渍工艺仍是制造碳－碳复合材料的一种主要工艺，它是将上述各种增强坯体和树脂或沥青等有机物一起进行浸渍，并用热处理方法在惰性气氛中将有机物转化为碳的过程。浸渍剂有树脂和沥青等含碳有机物，主要是一些芳香族热固性树脂（如酚醛、呋喃、环氧）、煤沥青和石油沥青、沥青树脂混合物等，它们受热后会发生一系列变化，最后堆积成平行碳层。

② 化学气相沉积（chemical vapor infiltration，CVI）。化学气相沉积工艺是最早采用的一种致密化方法，主要原理是利用碳氢化合物气体在高温下分解并沉积碳于预制体中，与液相浸渍工艺相比，化学气相沉积工艺不仅过程便于精确控制，而且所制备的材料还具有结构均匀、完整、致密性好、石墨化程度高等优点。目前国外主要用等温CVI法生产碳－碳复合材料刹车盘。常规化学气相沉积工艺（等温法）仍有许多不足，主要是气相扩散速度和表面反应速度的制约，工艺条件选择余地不大；等温CVI制备碳－碳复合材料周期长（约1000～1500h），原料气利用率低（＜5%），需要数次石墨化和机械化加工，需用大量高能耗的贵重设备，成本很高。

（3）高温热处理

根据使用要求，经常需要对致密化的碳－碳复合材料进行高温热处理，常用温度为1650～2800℃（如果温度超过2000℃也称石墨化处理），其目的是使复合材料中的N、H、O、K、Na、Ca等杂质元素逸出；使碳发生晶格结构的变化，调节和改善某些性质；缓解沉积过程中形成的应力。制品在致密化过程中进行热处理，是为了开启其中的孔洞，形成便于进一步增密结构。

6.3.2 碳–碳复合材料性能特点

（1）热学性能

碳–碳复合材料的热学性能非常优异，耐高温、热膨胀系数低、比热容高、抗热冲击能力强，不仅适合高温环境，而且适合温度急剧变化的应用。

碳–碳复合材料导热性好，比热容高，非常适合飞机刹车等需要吸收大量能量的场合。

航天飞行器在进入太空之前或返回大气层后，由于超高速飞行与空气产生巨大摩擦，产生大量的热，飞行器表面温度急剧升高，通过表层材料的烧蚀能带走大量的热，可阻止热流传入飞行器内部。碳–碳复合材料是一种升华辐射型烧蚀材料，被烧蚀时吸收大量的热，向周围放射的热流大。因此被广泛用作宇航领域中的烧蚀防热材料。

（2）化学性能

碳–碳复合材料具有优良的耐化学腐蚀能力，抗强酸和强碱。但在高温下抗氧化能力差，在空气中，500℃以上有明显的氧化发生，温度越高，氧化越严重。碳–碳复合材料的多孔性导致氧化不仅发生在表面，而且可延伸到材料内部，7%的氧化失重将导致50%的强度下降。

对于需要长期在高温下工作的场合，必须对碳–碳复合材料采取表面防护措施。一般是采用涂层防护，将材料表面与氧气隔离，防止氧气向材料内部渗透。

（3）力学性能

碳–碳复合材料的力学性能主要取决于碳纤维的种类、取向、含量和制备工艺等。单向增强的碳–碳复合材料，沿碳纤维长度方向的力学性能比垂直方向高出几十倍。碳–碳复合材料的高强高模特性来自于碳纤维，随着温度的升高，碳–碳复合材料的强度不仅不会降低，而且比室温下的强度还要高。

单向高强度碳–碳复合材料可达750MPa以上（一般的碳–碳复合材料的拉伸强度大于270MPa），在1000℃时强度为1000MPa，超过1000℃时，强度和模量都有所下降。但由于碳–碳复合材料密度低，即使在强度最低时其比强度也高于耐热合金和陶瓷材料。

碳–碳复合材料的断裂韧性较炭材料有极大的提高，其破坏方式是逐渐破坏，而不是突然破坏，因为基体碳的断裂应力和断裂应变低于碳纤维。

经表面处理的碳纤维与基体碳之间的化学键与机械键结合强度高，拉伸应力引起基体中的裂纹扩展越过纤维/基体界面，使纤维断裂，形成脆性断裂。而未经表面处理的碳纤维与基体碳之间结合强度低，碳－碳复合材料受载一旦超过基体断裂应变，基体裂纹在界面会引起基体与纤维脱粘，裂纹尖端的能量消耗在碳纤维的周围区域，碳纤维仍能继续承受载荷，从而呈现非脆性断裂方式。

（4）耐摩擦性能

碳－碳复合材料中碳纤维的微观组织为乱层石墨结构，其摩擦系数比石墨高，特别是它的高温性能特点，在高速高能量条件下摩擦升温高达1000℃以上时，其摩擦性能仍然保持平稳，这是其他材料所不具备的。因此，碳－碳复合材料作为军用和民用飞机的刹车盘材料应用得越来越广泛。

耐摩擦性能是碳－碳复合材料的重要性能之一，得到了广泛的研究。摩擦性能与所用的碳纤维种类有关，也与纤维的取向和分布有关。另一个重要因素是复合材料的致密度，密度高、孔隙率低的材料具有较好的摩擦性能。

6.3.3　碳–碳复合材料的应用

由于碳－碳复合材料具有非常优异的耐高温性、尺寸稳定性、抗氧化耐腐蚀性，又由于工艺周期长，制造成本高，目前仍主要用于航空航天等高端领域，随着材料性能的改进及制备技术的成熟，也正在向其他应用领域扩展。

（1）航天飞行器上的应用

导弹、载人飞船、航天飞机等在载入环境时飞行器头部受到强激波，对头部产生很大的压力，其最苛刻部位温度可达2760℃，所以必须选择能够承受载入环境苛刻条件的材料。设计合理的鼻锥外形和选材，能使实际流入飞行器的能量仅为整个热量的1%～10%。对导弹的端头帽，也要求防热材料在载入环境中烧蚀量低，且烧蚀均匀对称，同时希望它具有吸波能力、抗核爆辐射性能和在全天候使用的性能。三维编织的碳－碳复合材料，其石墨化后的导热性足以满足弹头载入时由−160℃至气动加热时1700℃时的热冲击要求，可以预防弹头鼻锥的热应力过大引起的整体破坏；其低密度可提高导弹弹头射程，已在很多战略导弹弹头上得到应用。美国在此方面的应用有“民兵Ⅲ”导弹发动机第三级的喷管喉衬材料；“北极星”A-27发动机喷管的收敛段；MX导弹第三级发动机的可延伸出口锥（三维编织薄壁碳－碳复合材料制品）。俄罗斯用在潜地导弹发动机的喷管延伸锥（三维编织薄壁碳－碳复合材料制品）中。此外，碳－碳复合材料还可作为热防护材料用于航天飞机，如美国用碳－碳复合材料制造航天飞机的薄壳热结构，以及用碳－碳复合材料制造航天飞机防热瓦机头锥，用于最高温区，具有抗氧化和防热功能。

利用其高电导率和很高的尺寸稳定性，制造卫星通信抛物面无线电天线反射器，具有质轻和信号控制精确等优点。

（2）固体火箭发动机喷管上的应用

碳－碳复合材料自20世纪70年代首次作为固体火箭发动机（SRM）喉衬飞行成功以来，极大地推动了SRM喷管材料的发展。采用碳－碳复合材料的喉衬、扩张段、延伸出口锥，具有极低的烧蚀率和良好的烧蚀轮廓，可将喷管效率提高1%～3%，既而大大提高了SRM的比推动力。

（3）刹车领域的应用

碳－碳复合材料刹车盘的实验性研究始于20世纪，于1973年第一次用于飞机刹车。目前，一半以上的碳－碳复合材料用作飞机刹车装置。高性能刹车材料要求具有高比热容、高熔点以及高温下的强度，碳－碳复合材料正好适应了这一要求，制作的飞机刹车盘重量轻、耐温高、比热容比钢高2.5倍；同金属刹车相比，可节省40%的结构重量。碳刹车盘的使用寿命是金属基刹车盘的5～7倍，刹车力矩平稳，刹车时噪声小，因此碳刹车盘的问世被认为是刹车材料发展史上的一次重大的技术进步。

目前法国欧洲动力、碳工业等公司已批量生产碳－碳复合材料刹车片，英国邓禄普公司也已大量生产碳－碳复合材料刹车片，用于赛车、火车和军机。

（4）用作高温结构材料

由于碳－碳复合材料具有优异的高温力学性能，有可能成为工作温度达1500～1700℃的航空发动机部件的理想材料，有着潜在的发展前景。

碳－碳复合材料在涡轮机及燃气系统（已成功地用于燃烧室、导管、阀门）中的静子和转子方面有着潜在的应用前景，例如用于叶片和活塞，可明显减轻重量，提高燃烧室的温度，大幅度提高热效率。

在内燃发动机中，碳－碳复合材料因其密度低、摩擦性能优异、热膨胀率低，从而有利于控制活塞与汽缸之间的空隙，目前正在研究开发制造

活塞外衬的材料。

（5）生物学上的应用

碳材料是目前生物相容性较好的材料之一。在骨骼修复上，碳－碳复合材料能控制孔隙的形态，这是很重要的特性，因为多孔结构经处理后，可使天然骨骼融入材料之中。故碳－碳复合材料是一种极有潜力的新型生物医用材料，在人体骨骼修复与骨骼替代方面有较好的应用前景。

碳－碳复合材料作为生物医用材料主要有以下优点。

① 生物相容性好，强度高，耐疲劳，韧性好。

② 在生物体内稳定，不被腐蚀，不对其他人体组织产生副作用。

③ 与骨骼的弹性模量接近。具有良好的生物力学相容性。

目前碳－碳复合材料在临床上已有骨盘骨夹板和骨针的应用，人工心脏瓣膜和中耳修复材料也有研究报道，人工齿根已取得了很好的临床应用效果。

碳－碳复合材料的应用正在由航天领域进入航空和其他一般工业部门。当前碳－碳复合材料的研究重点包括：防氧化技术，高温下的氧化仍是制约碳－碳复合材料广泛使用的重要因素，有效解决氧化问题将进一步扩展其应用领域；预制体制备技术，高效而又高质量的三维编织预制体不但能大幅度提高复合材料的性能，而且能降低制造成本；快速致密化技术有利于降低复合材料成本；双元化或多元化的复合发展，以结构碳－碳复合材料为主，向多功能化和结构功能一体化方向发展。

第7章

功能复合材料与智能复合材料

功能复合材料是指用基体（大多为树脂基体）与第二相功能体复合而成的一类复合材料。这类复合材料除具有一定的强度和刚度外，还依据功能体的不同性质，分别具有电、磁、光、热、声学或生物化学及生态学等特殊功能，被广泛用于各种现代高新技术和工业部门。

功能复合材料与结构复合材料的主要不同之处在于所引入的第二相的作用不同，结构复合材料加的第二相是用于提高力学性能的，叫增强相或增强体（reinforcement）。而在功能复合材料中加入第二相主要用来产生某种功能，因此称为功能相或功能体，有时也可称为填料（filler）。功能体的形式大多是颗粒、短切丝、小箔片，具体材料有金属、金属氧化物和炭材料等。

功能复合材料种类很多，涉及的技术内容非常广泛，而且有的功能互相交叉融合，一般以其主要的物理、化学和生物功能特征来分类。

功能复合材料总的发展趋势是高功能化、多功能化、结构和功能一体化、智能化以及低成本化。

下面将介绍几种主要的功能复合材料，重点是与航空航天应用有关的功能材料及其发展。

7.1 电学功能复合材料

电学功能复合材料是开发应用广泛而又发展很快的一类功能材料，是将具有电学功能特性的第二相功能体与基体复合而得到各种电学功能，如导电、压电、电磁屏蔽、透波、吸波等。有时也将涉及电磁波的功能归类于磁学功能，这是因为现代电磁波理论具有兼容性。

7.1.1 导电复合材料

导电复合材料是将导电功能体与基体复合而得到的具有导电功能的一类复合材料。基体包括聚合物、金属、陶瓷，甚至水泥，但用得最多的是聚合物材料，包括橡胶、塑料、涂料等。功能体可以是金属、炭材料、金属氧化物，以短丝、微粉、箔片等形式加入。

聚合物基导电复合材料品种最多，应用最广，具有重量轻、易加工成各种复杂形状、耐腐蚀，以及电阻率可在较大范围内调节等特点。聚合物基导电复合材料可用作电磁屏蔽材料、燃料电池的双极板材料、自限温加热材料、过流保护材料等。

聚合物基导电复合材料的电导率与复合材料中导电填料的含量有关。随着导电填料体积含量的增加，在初期，复合材料的电导率缓慢增大；当导电填料的用量达到某个临界值（V_c）时，复合材料的电导率发生几个数量级的突变，V_c被称为逾渗阈值（seepage flow threshold vlue，SFTV）（见图 7-1）。

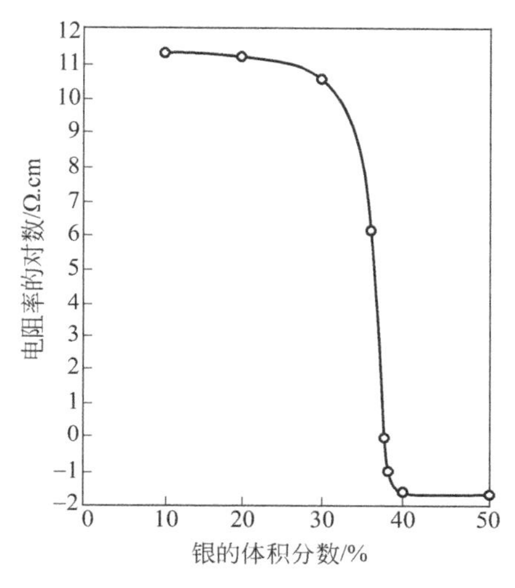

图7-1 酚醛/银复合材料的电阻与银颗粒含量的关系

随着导电填料用量的进一步增加，复合材料的电导率又增加缓慢。逾渗阈值不仅与导电填料的种类有关，还与导电填料的几何形状、长径比、尺寸有关。填料的长径比越大，复合材料的逾渗阈值越低；填料的尺寸越小，复合材料的逾渗阈值越低。低逾渗阈值是聚合物基导电复合材料研究的目标之一，因为逾渗阈值低意味着用较低的填料用量就可使复合材料从绝缘体转变为导电体。这样不仅可以降低成本，还可以避免填料用量过大引起的材料力学性能降低。

导电复合材料的导电性能与所用导电填料关系极大。导电填料分为碳素系列、金属及合金系列、金属氧化物系列。碳系填料如碳纤维、炭黑、石墨以及近年来出现的碳纳米管，具有密度低、来源广泛、价格低廉（除碳纳米管外）等优点，在聚合物基导电复合材料领域得到大量应用。但是，碳系填料本身的电导率低，通常在10^3S/cm数量级，复合材料的电导率仅为10^{-3}S/cm左右，因此，有时要考虑均衡的导电性能和力学性能。

金属填料具有较高的电导率，约10^6S/cm，对制备高电导率复合材料具有独特的优势。金属填料主要有金属粉末、金属纤维和金属合金。常用的金属粉末有银粉、铜粉和镍粉。这几种金属粉末各有特点，但它们的共同缺点是需要很高的填充量，逾渗阈值约为40%～50%，导致复合材料高密度、高成本和低力学性能。与金属粉末相比，金属纤维具有较大的长径比，更容易形成导电网络，复合材料具有更低的逾渗阈值，在含量相同的条件下，复合材料具有更高的电导率。常用的金属纤维有黄铜纤维、铁纤维、不锈钢纤维。

目前聚合物导电复合材料主要有以下几种。

（1）导电橡胶

导电橡胶是把导电填料颗粒分散到橡胶基体中经硫化成型而制得的。填料大多采用炭黑粉，如各种乙炔炭黑，导电橡胶保持了原有的优良力学性能、耐老化性能和加工性能，增加了新的导电功能，因而得到广泛应用，如集成电路加工车间和医院的静电防护、电磁屏蔽、电缆保护层。以计算机及弱电特性的电子仪器推动了导电橡胶的快速发展，其中硅导电橡胶特别适用于电子工业，具有耐热、耐寒、耐老化、耐疲劳等特性。硅橡胶还有压敏特性，在一定压力下，表现出体积电阻的变化，利用这种特性，硅导电橡胶可用来制备各种传感元件，作为各种自动识别和控制系统。

（2）导电塑料

将导电功能体分散到塑料中就可制得导电塑料，一般的通用塑料如聚乙烯（PE）、聚丙烯（PP）、聚苯乙烯（PS）、聚氯乙烯（PVC）、聚酯（PE）都可用作基体材料，高性能的聚合物导电复合材料可用环氧树脂或高性能热塑性树脂制备。导电功能体有炭黑、碳纤维、金属丝和箔片等。导电塑料的加工制备与普通塑料一样，大多采用模压、挤压、浇铸等方法，具有工艺简单、工时短、成本低的特点。导电塑料主要用于电子仪器仪表的电磁屏蔽防护。

导电塑料的导电性能与导电体的性质和形状有关，特别是用纤维作导电体，其长径比对导电性能影响很大，长径比大，少量加入就可以得到优良的导电性，但长径比过大，不易混匀。基体塑料性能对复合材料导电性也有影响，如聚合物的结晶度、聚合度及固化度都能影响复合材料的导电性和电磁屏蔽性。

（3）导电涂料

用导电材料的粉末与树脂胶黏剂、溶剂复合的一种导电功能材料，称为导电涂料（electric conductive coating）。像普通高分子涂料一样，可以用喷涂、刷胶等方式施加到物体表面上，得到表面导电功能。所用的胶黏剂树脂有环氧、酚醛、聚酯、聚丙烯酸酯等。胶黏剂树脂对复合材料的成膜固化工艺以及膜的粘接性能起主导作用，在选择时必须根据使用要求认真考虑。

导电粉一般选用金属粉，其中银粉的导电性最优且稳定性好，但价格高。铜粉导电性也不错，价格较低，但易氧化，性能不稳定，其抗氧化性正在改进，用铜粉代替银粉是发展趋势。碳素类填料导电性较差，但其稳定性好且价格低，因而也得到大量使用。

导电涂料和胶黏剂主要用于电子器件印刷电路中的电阻器、开关、键盘印刷线路接点、基片等，在塑料壳表面和框架上涂上导电涂料形成导电膜，可用于仪器的电磁屏蔽。

7.1.2 压电复合材料

某些材料在外力作用下会产生电流，或反过来在电流作用下产生形变或作用力，这种现象称为压电效应（piezoelectric effect）。前者称为正压电效应，机械能转化为电能；后者称为逆压电效应，电能转化为机械能，使材料产生几何变形，即电致伸缩效应。压电效应广泛应用于换能器，实现机械能与电能之间的相互转换。目前广泛应用的压电材料是单晶或多晶体，以及压电陶瓷。

压电复合材料是将压电陶瓷和基体材料按一定的连通方式复合而成的一类新型压电功能材料，目前研究最多、应用最广泛的是压电陶瓷/聚合物复合材料。相对压电陶瓷材料而言，压电陶瓷/聚合物复合材料具有柔韧性好、密度低、易于实现大面积成型、性能可设计性好、电压压电系数高、与水和空气的声阻抗匹配性好等许多优点，可以在国民经济和现代国防的诸多领域中代替压电陶瓷。

压电复合材料是多相材料，其性能与复合材料的组成密切相关。压电复合材料的电学性能通常由压电陶瓷的压电和介电性能决定，用于压电复合材料的压电陶瓷主要有钛酸铅（PT）、锆钛酸铅（PZT）及其改性材料、钛酸钡（$BaTiO_3$）及其改性材料等。

聚合物材料在压电复合材料中主要起着黏结作用，同时聚合物电学性能对压电复合材料的性能也有一定的影响。聚偏氟乙烯（PVDF）、环氧树脂（PE）、聚丙烯酸酯（AP）、聚醚醚酮（PEEK）、聚氨酯（PU）等聚合物因其电学、力学、热学综合性能好而用作压电复合材料的基体相。

压电复合材料的电学性能不仅与复合材料的组成成分、各组分的含量有关，还与复合材料中各相的连通方式有关。复合材料中各相可以用0维、1维、2维或3维方式自行连通。如果复合材料由两相组成，可以有10种复合方式，即0-0、0-1、0-2、0-3、1-1、1-2、1-3、2-2、2-3、3-3。符号的第一个数字代表压电陶瓷相的复合维数，第二个数字代表有机聚合物相的复合维数。例如，0-3型压电复合材料表示压电陶瓷颗粒（0维）均匀分布在3维连通的聚合物中形成的复合体系。而1-3型压电复合材料表示压电陶瓷纤维（1维）排列分布在3维连通的聚合物中形成的复合材料。根据压电材料的应用和成型性能要求，压电复合材料常见的连通方式有0-3型、1-3型、2-2型和3-3型。

近年来，制备1-3型压电复合材料的工艺日趋成熟，1-3型压电复合材料也得到了较大程度的应用。为了满足不同的应用环境，1-3型压电复合材料向着微型化、精细化、专门化的方向发展，特别是在微机电系统领域中得到较多应用。

压电复合材料主要应用于以下几方面。

（1）换能器

换能器是将机械振动转变为电信号或在电场驱动下产生机械振动的器件。利用上述原理可生产电声器件如麦克风、立体声耳机和高频扬声器。目前对压电复合材料电声器件的研究主要集中在研制运用其他现行技术难以实现的，且具有特殊电声功能的器件，如抗噪声电话、宽带超声信号发射系统等。

压电复合材料水声换能器研究初期瞄准军事应用，如用于水下探测的大面积传感器阵列和监视系统等，随后应用领域逐渐拓展到地球物理探测、声波测试设备等方面。为满足特定要求而开发了各种原型水声器件，采用了不同类型和形状的压电复合材料，如薄片、薄板、叠片、圆筒和同轴线等，以充分发挥压电聚合物高弹性、低密度、易于制备为大小不同截面的元件，而且声阻抗与水数量级相同等特点，从而进一步增强压电复合材料水听器的性能。

压电复合材料换能器在生物医学传感器领域，尤其是超声成像中，获得了最为成功的应用。聚偏氟乙烯（PVDF）薄膜优异的柔韧性和成型性，使其易于应用到许多传感器产品中。

（2）传感器

压电式压力传感器是利用压电复合材料所具有的压电效应所制成的。压电式压力传感器的优点是具有自生信号，输出信号大，较高的频率响应，体积小，结构坚固。压电传感器用途广泛，具有力敏、声敏、热敏、光敏、气（湿）敏等生物功能，如力敏传感，可进行力/电、电/机械形变转换，用于声纳、应变仪、压电器、继电器等。声敏传感可进行声/电、声/力、声/光转换，用于超声探测器、助听器、声光振动器。光敏传感可进行光/电转换，用于热电红外探测器、热电显像管等。气敏传感可进行湿度/电气转换，用于湿度指示器、井下瓦斯和大气污染等有害气体浓度报警器。

7.1.3 透波复合材料

透波复合材料是以透电磁波的低介电材料与基体复合而成的一类功能材料。广泛地应用于各种飞机、雷达、导弹卫星的天线罩和天线窗，是集结构与功能于一体的新型复合材料，主要用于航空航天等高端领域。

透波复合材料通常分为两类。一种为无机材料，如氧化铝、二氧化硅、玻璃陶瓷、氮化硅、氮化硼等。无机材料在厘米波范围内能满足雷达罩电气性能的要求，透波性能良好。但对于毫米波段（波长在1～1000mm，频率在0.3～300GHz范围的电磁波）和有宽带性能的天线罩，则显示出强度低、壁较厚等缺点。另一种是纤维增强与高性能树脂基体复合的材料。这是一类集结构、防热、透波于一体的功能复合材料，具有优良的电性能，介电常数ε和介电损耗$\tan\delta$都很小，且具有足够的力学强度和适当的弹性模量，是目前航空航天领域中应用的主要透波复合材料。

航空航天透波复合材料要具有良好的综合性能，包括优异的介电性能、良好的耐热性、耐环境性及较高的机械强度。

① 介电性能。要有低的介电常数（$\varepsilon<10$）和损耗角正切值（$\tan\delta<0.01$）。一般情况下，在0.3～300GHz频率范围内，透波材料的适宜ε值为1～4，$\tan\delta$为0.001～0.1，这样才能获得较理想的透波性能和较小的传输损失。

② 耐热性。透波材料对热性能的要求非常严格，包括要求材料具有低的热膨胀系数、宽的工作温度范围及良好的耐烧蚀性等，否则环境温度的快速变化会在材料内产生高的热应力而导致材料变形或损毁，严重影响其

透波及使用性能。

③ 耐环境性。透波材料要求具有良好的耐环境性，如抗粒子云侵蚀以及抗雨蚀性等。因为透波材料的使用环境常常比较复杂，很多透波材料被用在航天飞行器中，受到粒子云撞击，材料表面会变得粗糙不平，一方面影响了结构性能，另一方面，改变了材料的壁厚分布，从而影响其电气性能。水分的侵蚀不仅影响材料介电性能，而且还会使复合材料分层、剥离，严重破坏。

④ 力学性能。在满足透波性能的基础上，透波材料对力学性能的要求也很重要。透波材料往往作为承载材料使用，要求能够满足一定载荷条件下的强度和刚度的要求。

树脂基透波复合材料主要由高性能树脂基体和低介电的增强纤维组成。

（1）树脂基体

目前应用于透波材料的树脂基体主要有环氧树脂（EP）、双马来酰亚胺树脂（BMI）、聚酰亚胺树脂（PI）、氰酸酯树脂（CE）等。

环氧树脂主要有多官能团环氧树脂及改性环氧树脂等，是目前军民用航空领域透波复合材料生产的主体树脂基体（产量占总量的90%）。环氧基透波复合材料的优点是技术成熟、性能稳定、力学性能良好等。缺点是介电性能较差、吸水率高、耐热性不够（最高为150～180℃）等。这些不足限制了环氧树脂在透波材料领域中的应用。

双马来酰亚胺树脂（BMI）具有良好的耐热性、优异的力学性能和介电性能，其ε为3.1～3.5，$\tan\delta$为0.005～0.20，耐潮湿、耐化学药品、耐宇宙射线，而且加工性能良好，是一类理想的先进透波复合材料用树脂基体，但由于受到树脂材料本身结构与性能的限制，BMI树脂的介电性能只能达到某一个界限，很难有一个明显突破，还需要进一步研究改进。

聚酰亚胺树脂具有高的耐热性（$T_g>250$℃），较好的介电性能（在50mm以下，介电常数为4.1，介质损耗为0.008），力学性能、耐化学品性及尺寸稳定性也比较优秀，是一种具有发展潜力的透波材料用树脂基体。但聚酰亚胺树脂成型温度高（>300℃），加工条件苛刻，给其广泛应用带来一定的困难。

氰酸酯树脂具有优异的介电性能，其ε=2～3.1，$\tan\delta$=0.002～0.005，且性能变化很小；力学性能好，耐热性优异，玻璃化转变温度$T_g>260$℃，其中氰酸酯化线性酚醛树脂（PT）的T_g更是高达415℃，另外工艺性非常好，具有与环氧树脂相当的成型工艺性，可以用目前常用的复合材料成型工艺对其加工，也可以用低成本制造技术进行加工。尽管氰酸酯树脂具有上述优点，但它也存在一些不足之处，如固化后的交联密度过大而韧性较差，脆性较大，与环氧树脂相比，其工艺性较差，反应温度较高，预浸料的铺覆性不如环氧树脂等，因此，还不能得到大范围的实际应用。

有机硅树脂具有耐高低温、抗热震以及优良的电气绝缘和透电磁波性能，在高温、潮湿下的介电性能仍很稳定，也是一种重要的雷达罩材料。缺点是机械强度较低，且须高压成型。

（2）增强功能体

最早使用的增强功能体是无碱E-玻璃纤维，后来又有高强玻璃纤维（S-glass）、高模玻璃纤维（M-glass）和低介电玻璃纤维（D-glass），正用于雷达罩的专用玻璃纤维主要是D-玻璃纤维。它具有较低的介电常数和正切损耗，但其力学性能要此E-玻璃纤维、S-玻璃纤维低一些。新型低介电D-玻璃纤维是一种硅硼纤维（72%～75%的SiO_2和23%的B_2O_3），主要用于制造雷达罩，目的是改性和减少厚度以降低实心罩的质量。石英玻璃纤维的化学成分是纯度达99.5%以上的二氧化硅，介电性能较好，并且具有弹性模量随温度升高而增加的罕见特性，并可实现宽频透波，使其应用于高性能雷达罩。

芳纶具有较低的密度、优越的抗冲击性和比刚度高、比强度高等特性，在航空上得到广泛应用，有取代玻璃纤维的趋势。然而由于纤维中大分子对称性高，易造成复合材料构件湿胀开裂，电性能降低，因而在雷达罩中的应用受到影响。目前主要采用Kevlar芳纶与碳纤维混合使用，形成“三明治”结构来提高复合材料的性能。

聚乙烯纤维是密度最小、介电性能优良的一种增强纤维，由于其表面惰性导致纤维与树脂黏附性差，必须对纤维进行表面处理，同时选择合适的树脂体系。超高分子量聚乙烯纤维（UHMPE）强度高、不吸水、抗冲击，在X波段至毫米波段范围内，具有优良的介电性能。与树脂浸润性好，复合材料的防弹性和力学性能在高温下保持稳定，是一种很有前途的高性能雷达罩增强材料。

高性能透波复合材料集结构与功能于一体，今后的发展趋势是进一步满足未来高性能航空航天技术发展的需要，天线罩必须在更高的工作温度和更恶劣的环境中承受更大负载和热冲击，并有更好的传输特性和更低的瞄准误差率。这就要求天线罩用的透波材料除了在电气性能上继续满足低介电常数、低损耗外，还必须具有极宽的频带特性，具有高的结构强度和抗雨蚀能力，具有经得住高速气动加热的抗冲击能力和相当高的工作温度以及便于成型加工的特性。

7.1.4 吸波隐身复合材料

吸波隐身是当代最具代表性的结构/功能一体化的新型复合材料，它结构形状特殊、整体化程度高，从设计到材料到成型都有不同于一般复合材料的要求，集多种现代高新技术于一体，代表了目前复合材料的发展水平。要较全面地了解结构隐身复合材料，应该从飞机的隐身技术谈起。

（1）飞机隐身技术简介

隐身技术是航空装备发展中出现的一种新技术。它是指在一定范围内降低反射信号，使飞机难以被雷达和红外等探测手段发现的一种技术。这对于缩短敌方防御系统的发现距离，使敌方无法及时组织有效地拦截起着重要的作用，以此提高作战飞机的生存力，增强突防能力，达到消灭敌人保存自己的目的。因此，隐身能力是当代作战飞机必须具备的重要性能指标，受到国际上的高度重视。1993 年 4 月，美国在首次报道“海影”隐身试验船时指出“对各军兵种来说，拥有一种隐身武器，可能与20世纪50年代拥有一种核能力具有同样的重要性”。

目前，世界各国都在努力发展隐身技术。其中，美国的飞机隐身技术已处于领先地位。海湾战争中，F-117隐身飞机的出现对其他国家来说，无疑是一个技术上的挑战。继F-117隐身战斗机、B-2隐身轰炸机等之后，美国又开始着手 ATF（先进战术战斗机）研究。特别是YF-22第四代战斗机的研制与原型机的试飞，充分体现了隐身技术对提高飞机作战能力的作用，其最大的特点是可以在不损失机动性和速度的情况下实现隐身。F-22隐身飞机复合材料用量达到整机重量的26%。飞机在外形布局、进气道设计、座舱和雷达罩设计、全埋武器舱设计、尾喷管设计等方面都采用了一系列先进隐身技术，使该机在雷达及红外反射方面下降至F-15的1/100，甚至更低。

美国B-2隐身轰炸机大量采用了隐身复合材料。其大型的机翼蒙皮采用具有吸波性能的S2玻璃纤维、芳纶纤维及碳纤维等多种纤维混杂复合材料制作，除具有吸波作用外，还提高了外形的整体性，减少了对接缝隙和铆钉引起的雷达波散射。与金属相比，降低了大型复杂外形蒙皮的制造难度。同时机翼中还大量采用了吸波性能的蜂窝夹层结构，使透射到结构内部的雷达波被吸收。

美国研制的“科曼奇”侦察攻击两用隐身直升机大部分主体采用隐身复合材料及夹层隐身复合材料，旋翼采用透波复合材料制作。此外飞机底部采用了兼有隐身及抗坠毁能力的复合材料。

前苏联早在1965年以前就已开展了飞机隐身技术的研究工作。20世纪70年代开始研制的米格-29、苏-27等战斗机都采用了某些隐身外形和雷达吸波材料，使雷达散射截面降至3m。米格-24武装直升机采用了红外隐身技术，从而有效地避免了红外导弹的跟踪。目前，俄罗斯等国也在大力进行下一代战斗机的研制，采用综合隐身技术，以达到隐身目的。

除了美国和俄罗斯之外，英、法、德、日等国家也都在研究隐身技术。不久的将来，日本和欧洲各国都会拥有一定数量的隐身飞机武装部队。

（2）隐身技术途径

实现飞机隐身主要有两种技术途径，即外形设计和隐身材料。

隐身飞机设计的要点是要改变一般飞机的外形比较复杂的特点。一般飞机的外形总有许多部分能够强烈反射雷达波，像发动机的进气道和尾喷口、飞机上的凸出物和外挂物、飞机各部件的边缘和尖端以及所有能产生镜面反射的表面等，因此隐身飞机的外形和结构都有较大的改进。我们可以看到隐身飞机的外形十分独特，首先，隐形飞机的外形上避免使用大而垂直的垂直面，大量采用凹面，这样可以使截获的雷达波向偏离雷达接收的方向散射。例如F-117基本上是由平面组成的角锥形体，尾翼为V形；而B-2轰炸机则是前缘后掠、后缘为大锯齿形，没有机身和尾翼，整个飞机像一个大的飞翼，其发动机进气道布置在机体上方，没有外挂物突出在机体外面。这些飞机的造型之所以较一般飞机古怪，就是因为特种的形状能够完成不同的雷达波散射功能。此外，为了进一步减小飞机的雷达波散射面，还在机翼的前后缘、进气道唇口部分采用了能够吸收雷达波的材料，整个飞机表面涂以黑色的吸收雷达波的涂料。

第二个途径就是采用雷达吸波材料，即隐身材料。

目前，探测飞机的遥感设备主要有雷达、红外、光学和声波探测系统四种，因此隐身技术也可分为雷达隐身、红外隐身、可见光隐身和声波隐身四大类。其中雷达探测占60 %以上，因而隐身的重点也在于雷达隐身。

针对雷达的隐身技术途径主要是利用雷达吸波材料，吸波材料能吸收投射到它表面的电磁波能量，并通过材料的介质损耗使吸收到的电磁波能量转化为热能或其他形式的能量而耗散掉，从而减少或消除反射回到雷达探测器的电磁波。良好的吸波材料必须具备两个条件，一是雷达波射入吸波材料内，其能量损耗尽可能大；二是吸波材料的阻抗与雷达波的阻抗相匹配，此时满足无反射。实用上常要求吸波材料在一定频宽范围内（如8～18GHz）对电磁波强烈地吸收，理想的情况是全吸收，即反射系数为零。

隐身材料按工艺与承载能力分为涂层型及结构型两大类。

涂层隐身一般是指对飞机或零件表面涂覆一层具有吸波功能的涂层，常用作吸波材料的是一些铁氧体粉末、铁粉、铝粉、银粉、炭黑等。涂层型的吸波有不足之处，例如，涂层与面板的结合受各种因素的限制，牢固性较差，一旦脱落易形成大面积的隐身缺陷；另外涂层的基体无纤维增强，太薄则无法达到理想的吸波效果，太厚又强度太低，并且增重太大，使涂层隐身有很大的局限性，因此现在的重点是发展结构型的隐身材料，也就是结构隐身复合材料。

结构隐身复合材料是在先进复合材料的基础上发展起来的功能-结构一体化的复合材料，它既能隐身又能承载，可成型为各种形状复杂的部件，如机翼、尾翼、进气道等，具有涂覆材料无可比拟的优点，是当代隐身材料主要的发展方向。各种隐身方式的有机结合，使得飞机达到综合隐身状态。如F-22采用翼身融合体隐身外形，在机身内外金属件上全部采用吸波材料及吸波涂层，同时在机翼及进气道等腔体内侧采用吸波结构和吸波材料。

（3）结构隐身复合材料

结构隐身复合材料大致分为两类，一是层压板结构材料，二是蜂窝夹层结构材料。

层压板结构隐身复合材料是以具有不同电磁和力学性能的树脂基体、增强纤维、填充剂组成的。由于必须具有结构和隐身的双重功能，所以在选材时就有一些不同于一般先进结构材料的特殊要求。

常用的树脂基体有热固性树脂，包括环氧树脂、双马来酰亚胺树脂、聚酰亚胺树脂、聚醚酰亚胺树脂和异氰酸酯树脂等；热塑性树脂，包括 PEEK、PEK、PPS 等。但目前大多选用环氧树脂，因为其介电常数为 0.3 ～ 0.4，正切损耗小，当电磁波照射到环氧复合材料上后不容易形成爬行的电磁波，而是进入材料内部；环氧树脂在选择恰当的固化剂后，固化时间适中、固化完全、成型工艺较为简单。

纤维增强体主要有碳纤维、玻璃纤维、碳化硅纤维以及芳纶和超高分子量聚乙烯纤维等，纤维增强体对复合材料的吸波性能影响较大。

按不同的增强纤维，隐身结构复合材料主要分为以下几类。

① 碳纤维复合材料。碳纤维复合材料是目前应用最多的飞机复合材料，但碳纤维石墨化程度较高，是雷达波的强反射体，必须对碳纤维进行电磁改性，使其具有良好的吸波性能，才能满足结构隐身的要求。目前主要有混杂纤维、表面掺杂、改变碳纤维的截面形状、对纤维进行表面掺杂、采用螺旋手征结构等，是对碳纤维进行电磁改性的主要手段。

美国空军材料实验室研制的碳纤维复合材料能吸收辐射热，而不反射辐射热，既能降低雷达波特性，又能降低红外线特征，用它可制作发动机舱蒙皮、机翼前缘以及机身前段。

② 碳化硅纤维、碳化硅－碳纤维复合材料。碳化硅纤维中含硅，不仅吸波特性好，能减弱发动机红外信号，而且具有耐高温、相对密度小、韧性好、强度大、电阻率高等优点，是国外发展很快的吸波材料之一，但仍存在一些问题，如电阻率太高等。将碳、碳化硅以不同比例，通过人工设计的方法，控制其电阻率，便可制成耐高温、抗氧化、具有优异力学性能和良好吸波性能的碳化硅－碳复合纤维。碳化硅－碳复合纤维与环氧树脂制成的复合材料，由碳化硅－碳纤维和接枝酰亚胺基团与环氧树脂共聚改性为基体组成的结构材料，吸波性能都很优异。

③ 混杂纤维增强复合材料。混杂纤维复合材料是指两种或两种以上的纤维增强同一种基体得到的复合材料。在力学性能上，混杂纤维复合材料不仅能保留单一纤维复合材料的优点，还可以做到不同纤维间性能取长补短、匹配协调，使之具有优异的综合性能。根据不同部位、不同结构的不同要求，隐身飞机上可能较多地采用了混杂复合材料，以增加吸波效果、拓宽吸波频带。玻璃纤维、芳纶、碳纤维等可混杂使用，即可层内混杂或层间混杂。目前已能制造出吸波性能很好的混杂纤维增强复合材料，广泛用于飞机制造中。

④ 特殊碳纤维增强的碳－热塑性树脂基复合材料。与热固性复合材料相比，热塑性复合材料具有耐高温、韧性好、损伤容限能力强、便于大面积整体成型和再加工等一系列优点，是国外正在发展的一种新型的复合材料。如PEEK、PEK和PPS等树脂都具有比较好的雷达传输和介电透射特性，当雷达波透射到这些树脂基复合材料时，不容易形成爬行的电磁波。这种材料具有极好的吸波性能，能使频率为0.1MHz～50GHz的脉冲大幅度衰减，现在已用于先进战斗机（ATF）的机身和机翼，其型号为APC（HTX）。另外，APC-2是CelionG40-700碳纤维与PEEK复丝混杂纱单向增强的品级，特别适宜制造直升机旋翼和导弹壳体，美国隐身直升机LHX已经采用此种复合材料。

⑤ 结构手征复合材料。手征材料的特征是指物体与其镜像不存在几何对称性，而且不能使用任何方法使物体与镜像相重合，如人的双手。对手征材料的研究是当前吸波材料的一个热门领域，它与普通材料相比，有两个优势：一是调整手征参数比调节介电参数和磁导率容易，大多数材料的介电参数和磁导率很难在较宽的频带上满足反射要求；二是手征材料的频率敏感性比介电参数和磁导率小，容易实现宽频吸波。在实际应用中主要有本征手征物体及结构手征物体两类，本征手征物体本身的几何形状如螺旋线等，使其成为手征物体。结构手征物体各向异性的不同部分与其他成分成一角度关系，从而产生手征行为，结构手征材料可由多层纤维增强材料构成，其中纤维可以是碳纤维、玻璃纤维、凯夫拉纤维等，可将每层纤维方向看作该层的轴线，将各层纤维材料以角度渐变的方式叠合，构成结构手征复合材料。有手性特征的材料，能够减少入射电磁波的反射并能吸收电磁波。

夹层结构隐身复合材料是另一类吸波隐身材料，它是以透波性好、强度高的复合材料为面板，与夹芯蜂窝、角锥或其他类型芯料组合而成。夹芯吸波材料在蜂窝壁或整个夹芯层内涂有损耗介质，对入射电磁波有很好的衰减性能。夹层结构吸波隐身复合材料可以看成是一种多层梯度功能材料。通常，梯度结构最外层具有良好的透波性能，而底层为全反射层，以阻止雷达波束射入机体内部，中间层则为吸收损耗层。每一部分都按介电梯度进行有效的电磁设计和力学性能设计，然后优化组合而成为一个吸收消耗电磁波的层合结构（见图7-2）。

从夹层吸波结构的基本特征可以看出，吸波结构需经过精心选材和设计，并不是普通复合材料本身就具有这种功能。

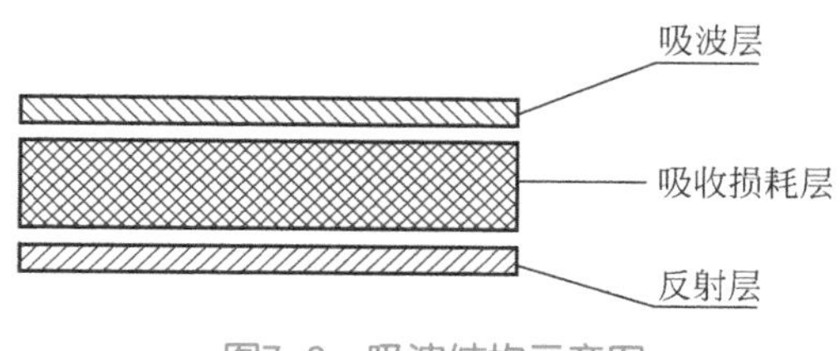

图7-2 吸波结构示意图

夹层吸波结构的最大特点是密度低，质量轻，吸波效果明显，雷达波在夹层结构内部可以多次“透、吸、散”，绝大部分雷达波能量就这样被消耗了。但因各类蜂窝壁“透、吸、散”的能力不同，因而可根据电磁波特性、层间作用机理，用不同的吸波剂进行匹配以达到最佳吸波效果，再利用电磁与力学综合设计技术使结构性能与质量比达到最佳。

（4）隐身复合材料的发展

隐身复合材料集结构与多种功能于一体，学科交叉性强，技术条件要求高，是目前先进复合材料技术十分重要的研究方向之一，自20世纪90年代以来，各国都在加紧研发这种新型材料，从目前的发展现状来看，隐身复合材料尚有相当大的发展余地。总的趋势是新型的隐身材料要求满足“薄、轻、宽、强”，应满足多频谱隐身、环境自适应、耐高温、耐海洋气候、抗核辐射等更高要求，以适应未来战场的需要。归纳起来，隐身结构复合材料今后的发展趋势主要表现在以下几方面。

① 多频谱隐身材料。目前大多隐身材料主要针对厘米波雷达（2～18GHz），而先进的红外探测器、米波雷达、毫米波雷达等先进探测设备的问世，要求隐身材料在将来要发展成为具有能够兼容米波、厘米波、毫米波、红外、激光等多波段电磁的隐身功能，实现4个或5个波段的多功能隐身材料一体化。

② 智能型隐身材料。智能型隐身材料是一种具有感知功能、信息处理功能、自我指令并对信号做出最佳响应功能的材料系统或结构。如现在研究的飞行器自适应蒙皮技术，就要求蒙皮材料对气流的流态做出响应，以自身形变调整与气流接触面的形状，达到能自动适应各种气流状态的效果。目前这种新兴的智能材料和结构已在军事和航空航天领域得到了越来越广泛的应用。同时这种根据环境变化调节自身结构和性能，并对环境做出最佳响应的概念，也成为隐身材料和结构发展的一个新的方向。

③ 纳米隐身复合材料。纳米技术的应用将为隐身复合材料的发展拓宽思路，纳米材料因为具有很高的电磁波的吸收特性，已经引起了各国的高度重视，对其相关的探索与研究工作也已经在多国展开。尽管目前工程化研究仍然不成熟，实际应用未见报道，但其已成为隐身材料重点研究方向之一，今后的发展前景十分广阔。

7.2 磁性功能复合材料

磁性功能复合材料是用磁性粉体与基体复合得到的一种功能复合材料，磁性粉体主要有永磁和软磁两种。

永磁体在去掉磁化后仍保留有较强的磁性，典型的有第一代1∶5型钐钴合金永磁体（Sm1Co5），第二代2∶17型钐钴合金（Sm2Co17），现发展到第三代稀土钕铁硼永磁合金（NdFeB）。软磁材料是指在外磁场中容易被磁化也容易退磁的材料，常用的有各种软磁铁氧体以及硅合金（硅钢片）等。这些磁性材料都可用作磁性复合材料的功能体。

基体主要是低熔点金属、陶瓷和聚合物，其中聚合物基体被大量采用。

聚合物基体可以是橡胶、塑料。聚合物基磁性材料的主要优点是：密度小、耐冲击强度大、加工性能好、易成型、生产效率高、尺寸变化小、易加工成尺寸精度高、薄壁形状复杂的制品。制品可进行切割、切削、钻孔、焊、接、层压和压花纹等后加工，且使用时不会发生碎裂。可成型为复杂的制品，还能与其他元件一体成型等。其制品脆性小、磁性稳定、易于装配，对电磁设备实现小型化、轻量化、精密化和高性能化起着关键的作用。

（1）聚合物基磁性复合材料的制备

橡胶基体一般采用混炼工艺，在炼胶过程中将磁粉作为填料加入生胶中，混炼后经压片放入模具中热压硫化成型。热固性树脂基体则应在凝胶前将磁粉混入，然后热压固化成型。热塑性树脂成型方法较多，如将粉状树脂与磁粉混合后用模压或压延成型，也可用双螺杆挤出机将混合物挤压成条，切成颗粒，再模压或注射成型。现在新的原位成型工艺得到开发，即将聚合物单体在经活化处理的磁粉表面聚合，形成聚合物复合磁粉微粒，再用热压成型，这种方法可使磁粉分布均匀，从而提高复合材料性能。

在制备聚合物基磁性材料时，应考虑所用基体树脂的性质、磁粉体的性质、颗粒大小及分布均匀性等，同时制备工艺也对复合材料性能有较大影响。

另一种方法是将无机磁性材料与聚合物液态物质组成复合材料，称之为磁流变体，是由铁磁金属、铁氧体颗粒与液状载体如硅油、合成油或其他污染、不易燃烧的液体复合而制得的，其特点是随外磁场的强度变化而改变黏度，一旦除去外磁场，又可恢复到原始的黏度，这一特性可用来实现机械与自动控制。

（2）磁性复合材料的应用

永磁复合材料具有成型方便并能加工复杂形状制品的优点，在汽车、计算机、打印机、步进电机及核磁共振成像仪中应用广泛。还可用于制造电子器件磁芯、磁浮轴承、磁性开关等；以及作为信息技术的磁记录材料，如磁带、磁盘；制造小功率永磁电动机和磁性电动玩具等。橡胶基永磁复合材料可用来制造密封门的磁性胶条。在电子器件方面，这类磁性材料也可用于制造铁氧体磁芯，另外也在开发磁浮轴承和磁性开关。

软磁复合材料要求具有低矫顽力和高磁导率，同时要求磁导率受频率提高而下降的效应尽量小，而且制成的软磁片厚度小且电阻率高。聚合物基软磁复合材料最能满足上述要求，最适合制造小型变压器铁芯。

磁流变体可用于机械传动和自动控制系统，如车的刹车设备、传动系统的离合器等，这种控制比传统的摩擦方式制动效率更高，而且还有操作平稳、精确的优点，这是因为外磁场强度的改变能使磁流体的黏度迅速改变。

此外，聚合基磁性复合材料还可用于吸波材料，在飞机和航天器的隐身技术中得到了应用。

7.3 光学功能复合材料

光学功能复合材料在现代信息技术中正发挥着越来越重要的作用，如信息存储光盘和信息传输光纤，使人类进入了光电子时代。光学功能复合材料涉及的内容非常广泛，有的还在继续发展之中，本节只介绍透光、滤光、光致变色几种。

（1）透光功能复合材料

以玻璃纤维与合成树脂为原料制成的一类材料，俗称透明玻璃钢。一般用中碱玻璃纤维与聚酯树脂制成通用性的玻璃钢，被用作建筑透明瓦或农用温室顶篷。这种材料的透明度不高，仅为80%～85%，其原因是光线进入玻璃钢内会形成众多纤维与基体的界面散射。但比普通玻璃质量轻、强度高，而且价位不高，因此得到大量应用。高透光率的玻璃钢用丙烯酸类树脂或聚碳酸酯与高性能的无碱玻璃纤维复合，虽然成本较高，但其紫外线透过率高、耐老化、耐水和耐磨，具有竞争优势。这种高档透光复合材料可用于制造建筑物采光设施、工业防护罩和照明挡板等。

透光复合材料在长期使用中会受气候、光、热等影响而老化，除物理力学性能降低外，透光率也会下降，改进的办法是在复合材料表面粘贴一层非常薄的氟塑料膜，可有效提高透光复合材料的耐候性。

（2）滤光功能复合材料

这种复合材料一般用透明聚合物、玻璃为基体，加入各种颜料微粉复合而成，颜料微粉的粒度必须小于5μm，且能与基体很好地相容。复合后的材料具有所用颜料微粉的颜色并透光，因此它能吸收光源中该颜色的补色光波，并仅让此颜色的光波通过而达到滤光的目的。另外也可用两层金属反射膜与透光基体进行层叠复合，利用光的干涉效应达到滤光目的，称之为干涉滤光片用于光学系统中。

（3）光致变色功能复合材料

当物质在触及光或光被遮断时，其化学结构发生变化，使可见光谱部分发生改变，这种能产生可逆或不可逆的显色或消色现象的材料叫光致变色材料。光致变色一般可分为两类，一类是在光照下材料由无色或浅色变成深色，称为正性光致变色；另一类是材料在光照下由深色转变为无色或浅色，称为逆性光致变色。根据材料性质，光致变色材料可分为光致变色玻璃和光致变色高分子材料。

7.4 热功能复合材料

热功能复合材料主要包括热适应复合材料、防热耐烧蚀复合材料和自熄阻燃复合材料。

7.4.1 热适应复合材料

热适应复合材料也称为热适配复合材料，是通过复合材料的组分选择和复合度（含量）的设计使材料获得所要求的热膨胀系数和热导率。如碳化硅的热膨胀系数（CTE）为$2.8\times10^{-6}\sim4.9\times10^{-6}K^{-1}$，铝的CTE为$22.3\times10^{-6}K^{-1}$，如果将这两种材料以不同组分含量制成复合材料，可得CTE变化范围为$(5\sim20)\times10^{-6}K^{-1}$，而热导率也可用同样的方法调节。此外，如采用一维或二维的功能体，则可以使复合材料具有各向异性的热膨胀和导热行为，以满足特定方向的需要。

热适应复合材料已在航天、汽车和电子工业中得到应用，特别是电子信息技术的高速发展，集成电路的芯片集成度越来越大，导致器件的散热问题日益突出，需要采用导热性好基片，半导体照明的芯片封装也有类似问题，同时还要求基片与芯片或绝热陶瓷片的热膨胀系数相匹配，以防止热失配而损坏芯片。有研究表明，适合集成电路中与硅片热膨胀系数相匹配的材料，其热膨胀系数应在$3\times10^{-6}\sim7\times10^{-6}K^{-1}$之间，另外热导率应大于50W/(m·K)。目前能符合上述条件的材料有碳化硅颗粒增强铝合金、碳纤维增强铝等。

7.4.2 防热耐烧蚀复合材料

防热耐烧蚀复合材料是为了适应航天器极端高温要求而发展起来的一种新型复合材料，主要品种有碳-碳复合材料、碳-酚醛复合材料、碳纤维-陶瓷复合材料等。这些材料具有高比强度、高比模量、耐高温、抗烧蚀、抗冲击等特点，目前正逐步取代黑色金属、有色金属等传统材料，成为轻质化结构和防热结构的主要材料。

当航天飞行器（导弹、火箭、飞船等）以高超音速冲出大气和返回地面（再入）时，在气动加热下，其表面温度高达4000～8000℃；固体和液体火箭发动机工作时，燃烧室产生的高速气流冲刷喷管，烧蚀最苛刻的喉衬部位温度瞬间可超过3000℃。因此必须采取有效的热防护方法，以保护内部结构在一定温度范围内正常工作，目前主要的方法是通过表面材料的自身烧蚀引起质量损失，吸收并带走大量的热，阻止外部热量向结构内部传递。

烧蚀现象首先由美国陆军导弹局红石兵工厂在1955年发现，当时在火箭燃气（2570℃）作用下用玻璃纤维增强的三聚氰胺树脂进行试验，尽管树脂表面被燃气冲刷分层，但是距表面6.4mm以下部位的材料完整无缺，测温热电偶无变化，这一发现即是烧蚀技术的前导。虽然现在看来三聚氰胺树脂并不是一种很好的烧蚀材料，但这项工作意义重大，已经成为现代科学技术重要的成就之一，为今日的超音速飞行、宇宙航行、化学火箭发动机等技术扫清了热障碍。

（1）烧蚀复合材料的分类和特点

按照烧蚀机理可将防热抗烧蚀材料分为熔化型、升华型和碳化型三种。

① 熔化型：主要利用材料在高温下熔化吸收热量，并进一步利用熔融的液态层来阻碍热流，其代表为石英和玻璃类材料，这些材料的主要成分是二氧化硅，在高温下熔化生成黏度很高的液膜，在高速气流下不易被冲刷掉，并能进一步吸收热量而达到降低表面温度的目的。

② 升华型：主要利用在高温下升华气化吸收热量，其代表有聚四氟乙烯、石墨、碳－碳复合材料，其中石墨和碳－碳复合材料又是具有高辐射率的材料，因此在升华前还有强烈的辐射散热作用。

③ 碳化型：主要利用高分子材料在高温下碳化吸收热量，并进一步利用其形成的碳化层辐射散热和阻塞热流。

防热耐烧蚀材料是一种特殊的固体材料，其主要功能是在高温热流作用下，通过材料表面质量的消耗带走大量的热，达到阻止热流传入材料的目的。因此，一般来说，防热抗烧蚀材料应具备下述特点：

a．比热容大，可吸收大量的热；

b．热导率小，呈高温的部分仅局限于表面，热难以传到内部；

c．熔点高；

d．熔化时具有黏性，高温下形成碳层。

（2）烧蚀复合材料的基体和增强体

基体的作用是将增强体和各种添加剂黏结在一起，对烧蚀材料的性能影响很大，目前烧蚀材料常用和研究较多的基体有有机硅类、聚酰亚胺类、酚醛类等。

有机硅树脂（包括硅橡胶）是以有机硅氧烷及其改性体为主要原料的一类耐烧蚀材料，其特点是在高温条件下具有优异的热稳定性。硅树脂可长期在200℃高温下使用和在250℃左右下较短时间内使用，但有机硅树脂的粘接性能较差。

聚酰亚胺（PI）是耐高温聚合物，其中封端的聚酰亚胺低聚物常被用于铁复合材料基体，这类聚酰亚胺具有对增强材料浸润性好、成型加工不放出小分子等优点，因而可制得无气隙的复合材料。

酚醛树脂是使用历史最长、目前仍在大量使用的烧蚀基体，具有成本低廉、成型工艺简单、耐烧蚀性能优良等特点，在低成本的近、中程固体火箭发动机中用作隔热耐烧蚀材料仍能满足使用要求，所以仍广泛使用。传统酚醛树脂存在脆性大、固化收缩率高、吸水性大等缺点，为了克服传统酚醛树脂存在的这些缺点，进一步提高耐热性能和耐烧蚀性能，国内外对酚醛树脂进行了大量改性工作，研究开发出钼改性酚醛树脂、硼改性酚醛树脂、苯基苯酚改性酚醛树脂、酚三嗪改性酚醛树脂、开环聚合型酚醛树脂、S-157酚醛树脂等，多数具有较好的耐热、耐烧蚀性能。

增强体的种类很多，按形态分主要有纤维和颗粒两种。一般认为纤维增强的复合材料，其主要承受体是纤维，而聚合物只起粘接作用；而对于颗粒增强的复合材料，颗粒和基料共同作为承受体。纤维有助于在碳化层之间形成必要的支撑，增加强度。相比较颗粒而言，纤维增强复合材料力学性能好，耐热流冲刷，在热防护材料中应用更多。目前，烧蚀防热复合材料中研究和使用得较多的纤维增强体主要有玻璃纤维（其中包括高硅氧玻璃纤维）、碳纤维、连续玄武岩纤维及少量其他纤维如石英纤维、石棉等。

（3）耐烧蚀复合材料的发展方向

现代弹箭武器和航天技术的发展，对烧蚀材料提出了更高的要求，烧蚀复合材料今后的发展方向为：

① 开发新的耐高温增强体纤维以及耐烧蚀性能好、成炭率高的新型树脂基体；

② 防热与结构一体化设计，使复合材料具有双重功能；

③ 开发新的碳-碳复合材料成型工艺，进一步降低碳-碳复合材料的生产成本，拓宽碳-碳复合材料的应用领域；

④ 使用纳米技术改进树脂基体的性能，提高材料抵抗高温气流冲刷的能力。

7.4.3 阻燃复合材料

阻燃复合材料目前主要是在树脂基体中加入阻燃剂制成复合材料，这种材料除具有本身的性能外，还具有阻燃的功能。随着塑料和树脂基复合材料大量的推广应用，阻燃也得到了更高的重视。西欧有些国家对塑料制品阻燃准入标准日益严格，就是为了保证使用的安全性。

塑料制品在燃烧时，主要有三种有害的作用，一是热释放率，二是烟雾密度，三是有害气体，而这些都与燃烧的速度有关，因此阻燃的目的就是抑制燃烧的速度，留下更多现场应对事故的时间。

阻燃主要有两种途径，一是原发型阻燃，即是通过聚合物化学分子结构的调整和改性，得到阻燃性能；另一种就是在树脂中加入阻燃剂，这是目前主要的阻燃方法。

通用塑料和工程塑料大都可以用作阻燃复合材料的基体，如聚烯烃聚合物、尼龙、ABS等，主要用于电子器件、汽车、船舶和建筑制品的阻燃。飞机内装饰件高档阻燃复合材料一般用耐温性较好的酚醛树脂作基体。酚醛树脂同时具有耐高温、低烟、低毒、阻燃等优良性能，是高性能阻燃复合材料、耐高温板、纤维增强复合材料性能优良的基体树脂之一。而纤维增强体主要是用玻璃纤维与芳纶的混杂物。

阻燃剂是起阻燃作用的主要成分，目前主要有卤系阻燃剂、磷系阻燃剂、无机阻燃剂等。

卤系阻燃剂主要是溴化物阻燃剂，是最早开发的阻燃效果较好的阻燃剂，但在燃烧时会产生有毒气体，目前正在限制使用。

磷系阻燃剂的阻燃效果好，热稳定性好，在燃烧时能在塑料表面形成固体碳化膜，使塑料与空气隔绝；同时脱出的水气能吸收大量的热，使塑料温度下降。但磷在燃烧中也会有毒性气体排出，在目前没有其他更好阻燃剂的情况下，磷系阻燃剂用得最多。

无机阻燃剂具有稳定性好，低毒或无毒，贮存过程中不挥发、不析出，原料来源丰富，价格低廉等优点，兼具阻燃、填充双重功能，且对环境非常友好，是一类很有前途的阻燃剂，目前受到高度重视和普遍应用，成为阻燃市场的主流。主要包括氢氧化铝、氢氧化镁、无机磷系等。

阻燃技术的发展方向如下。

① 发展低卤或非卤阻燃剂。含卤阻燃剂在阻燃的同时，放出大量有毒的烟和气体，危害环境及人的身体健康。许多国家已限制或减少了含卤阻燃剂的使用，而代之以磷、氮系阻燃剂和无机阻燃剂。

② 多种阻燃剂共同作用的复合型阻燃剂。在卤－锑、磷－氮等协同体系的基础上开发新的协同体系，即将多种阻燃剂复配，达到降低阻燃剂用量，提高阻燃性能的目的。

③ 多功能阻燃剂。阻燃剂往往导致其他使用性能下降，因此在添加阻燃剂的同时，又需加入许多其他助剂，如抗静电剂、增塑剂等，以达到各

项指标的要求。

7.5 装甲防护功能复合材料

装甲防护功能有时也叫防弹功能，主要用于军事车辆的外层防护，提高攻防能力，对国防军事的现代化发展有重要意义。

装甲防护复合材料的纤维增强体主要包括玻璃纤维材料、超高分子量聚乙烯纤维材料、芳纶纤维增强复合材料及由它们组成的混杂纤维增强体。而基体可以是热固性树脂，也可以是热塑性弹性体，如环氧树脂、聚酯树脂、改性酚醛树脂、乙烯基树脂、离子型聚合物、聚乙烯醇缩丁醛等。通常可以几种树脂基体混合使用，以得到最佳的防护性能。其中混杂纤维增强的复合材料比单一纤维增强的复合材料的抗弹性能要高15%～25%，且具有隐身特性，成本也有较大幅度的下降。这些材料已开始在现代装甲车辆的复合装甲结构中使用。

新型的装甲防护由层压复合材料结构发展成超混杂复合材料装甲结构，超混杂复合材料是将片状金属、陶瓷与纤维增强树脂混杂复合的一种抗弹结构材料。可以是层间混杂，也可以夹心混杂。如碳纤维增强环氧铝层间混杂复合材料。纤维增强树脂陶瓷超混杂复合材料是目前优异的抗弹材料，适用于战车、主战坦克、飞机的防弹装甲结构等。它是以陶瓷为面板，纤维复合材料为背板，中间用胶黏剂粘接，陶瓷表面覆盖一层高强尼龙布止裂层，如图7-3所示。

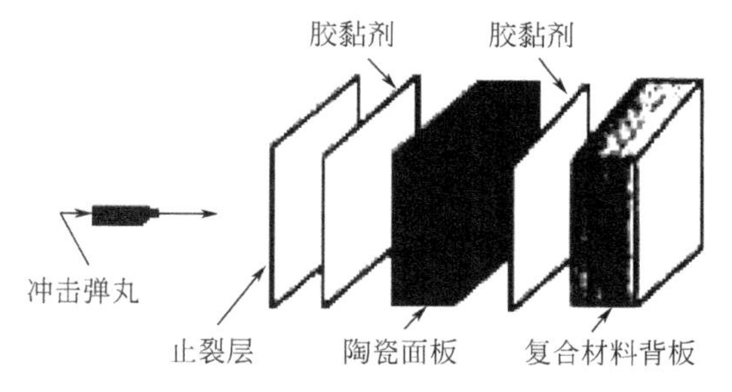

图7-3 陶瓷-复合材料装甲结构示意图

这种结构的防护机理是：当弹体侵彻装甲时，首先撞击到陶瓷面板，利用陶瓷的高强度、高模量、高压缩强度来破坏弹体，降低弹体的速度，增大弹丸与装甲的作用面积，同时破坏的陶瓷与弹体相互磨蚀，阻止弹体的进一步侵彻；然后利用复合材料背板良好的冲击性能和变形能力来吸收弹体和破碎陶瓷的剩余能量，使弹体不能穿透背板，从而达到防护的目的。目前警察的防弹服也大多采用这种混杂结构，面板用陶瓷片，而背板是抗撕裂性强的芳纶或超高分子量聚乙烯纤维增强的复合材料层压板。

装甲防护复合材料最早由美国研究开发。自20世纪60年代以来系统地开展了航空装甲技术的研究。例如在20世纪70年代初，美军Air Force Armament（AAI）实验室与Air Force Flight Dynamics（AFFDL）实验室用一架完整的 F289J 战斗机进行系统的驾驶舱防护能力实验。并在随后的军机设计中广泛采用了装甲技术，对诸如驾驶舱、油箱、仪器舱、雷达天线及重要传动部件等根据需要进行装甲防护。

目前，用于弹道防护装甲的纤维材料主要集中于高模、高温、适当断裂应变的高性能纤维，如芳纶和超高强聚乙烯纤维等，如美M-1主战坦克采用“钢-Kevlar钢”型的复合装甲，它能防中子弹以及破甲厚度为700mm的反坦克导弹，还能减少因被破甲弹击中而在驾驶舱内形成的瞬时压力效应。在 M1-A1坦克上的主装甲也用Kevlar纤维复合材料制造，可防穿甲弹。现在也有采用Kevlar纤维复合材料制成“拼–挂”式附加装甲的背板，用于中小型登陆舰艇中。制造附加装甲的 Kevlar 纤维层压板通常含有9%～20%的树脂。此外，法国新航母“夏尔·戴高乐”号的关键部位也敷设了Kevlar装甲。由于Kevlar纤维的密度几乎只有玻璃纤维的一半，故在防护能力相同的情况下，其质量至少可减少1/3以上，因而是钢装甲、铝装甲和玻璃装甲的理想替代物，但其价格较高。

超高分子量聚乙烯纤维是具有优异综合性能的高性能纤维，其特点是高强、高模、低伸长率以及比水还轻的低密度，还具有很强的吸收冲击能量的能力，这一特性使其被广泛用于防弹产品中，同时也适用于复合材料舰船的层合板中。该纤维已应用于美国的VIP防弹车、荷兰的轻型轮式装甲车。在飞机上的应用有美国的V22 Osprey军用机和军用直升机。此外德国的海岸巡逻艇也采用了超高分子量聚乙烯纤维防弹板。据弹道实验表明，超高分子量聚乙烯纤维的防弹性能比芳纶高25%。

随着材料科学技术的发展，新一代陶瓷–轻金属、陶瓷–复合材料轻质装甲得到迅速发展。以氧化铝纤维–玻璃纤维复合材料、碳化硼纤维–芳纶为代表的新一代轻质防弹装甲材料，与传统的航空防弹钢板、双硬度防弹钢板及陶瓷–轻合金防弹材料相比，具有抗弹性能好，工艺方便和减重效果明显的特点，已成为现代攻击机和武装直升机中使用的主要装甲材料，例如美军新型军用直升机（OH264型和LHX型）、攻击机和武装直升机（A27A型）等均采用了这类装甲材料，大大提高了这些军机的抗弹生存力。

7.6 梯度功能复合材料

梯度功能复合材料（gradient functional composite，GFC）是指通过连续（或准连续）地改变两种材料的结构、组成、密度等因素，使其内部界面减小乃至消失，从而得到能相应于组成与结构的变化而性能渐变的新型非均质复合材料。

一般复合材料中分散相是均匀分布的，材料的整体性能是同一的，但在有些情况下，人们常常希望同一件材料的两侧具有不同的性质或功能，又希望不同性能的两侧结合完美，从而不至于在苛刻的使用条件下因性能不匹配而发生破坏。因此有了梯度功能的概念。

梯度功能复合材料是基于航空航天技术的发展而开发的一种新材料技术。航天器在大气层中以极超音速飞行，机头尖端和发动机燃烧室内壁的温度高达2100K以上，因此材料必须承受2100K的高温以及1600K的温度落差，服役条件极为恶劣。因此，迫切需要开发新型超耐热先进材料。1984年，日本学者首先提出了梯度功能复合材料的概念，其设计思想一是采用耐热性及隔热性的陶瓷材料以适应几千摄氏度高温气体的环境，二是采用热传导和机械强度高的金属材料，通过控制材料的组成、组织和显微气孔率，使之沿厚度方向连续变化，即可得到陶瓷－金属梯度功能复合材料。由于该材料内部不存在明显的界面，陶瓷和金属的组分和结构呈连续变化，从而物性参数也呈连续变化。高温侧壁采用耐热性好的陶瓷材料，低温侧壁使用导热和强度好的金属材料；材料从陶瓷过渡到金属的过程中，其耐热性逐渐降低，机械强度逐渐升高，热应力在材料两端均很小，在材料中部达到峰值，从而具有热应力缓和功能，成为可应用于高温环境的新一代功能材料。

由此可以看出梯度功能复合材料的主要特征：一是材料的组分和结构呈连续梯度变化；二是材料内部没有明显的界面；三是材料的性质也相应呈连续梯度变化。

梯度功能复合材料的技术关键是实现各相组分性材料性能连续平稳地变化，因此必须进行组分材料的优化设计。对于航天热应力缓和型梯度功能复合材料的优化设计而言，金属与陶瓷复合材料在高温环境中使用时，在界面处产生的热应力是使材料失效的主要原因。因此，服役过程中所产生的热应力大小及其分布状况是制约材料性能的关键因素，也是这类梯度功能复合材料优化设计的出发点。梯度功能复合材料的设计是通过连续改变材料配比的方法来实现物性参数沿梯度方向上的连续变化，而这又能明显影响整个材料的热应力分布。因此，存在着一个以热应力大小为目标的最优化设计问题，其优化设计的目标实际上就是选取一个最佳梯度分布，最大限度地缓和热应力。

热防护的梯度功能复合材料在航空航天工程中得到应用，推进系统发动机中的燃烧气体通常要超过2000℃，对燃烧室壁会产生强烈的热冲击；燃烧室壁的另一侧又要经受作为燃料的液氢的冷却作用，通常在−200℃左右。这样，燃烧室壁接触燃烧气体的一侧要承受极高的温度，接触液氢的一侧又要承受极低的温度，一般材料不能满足这一要求。金属−陶瓷梯度功能材料很好地解决了这一问题，在陶瓷和金属之间通过连续地控制内部组成和微细结构的变化，使两种材料之间不出现界面，从而使整体材料具有耐热应力强度和机械强度也较好的新功能。

7.7 智能复合材料

智能复合材料（intelligent composite），有时也称机敏复合材料（smart composite）是一类基于仿生学概念发展起来的高新技术材料，它是在复合材料多功能化的基础上，为适应高性能飞机越来越高的飞行速度，于20世纪90年代开始研发的新型复合材料，智能复合材料是将复合材料技术与现代传感技术、信息处理技术和功能驱动技术集成于一体，将感知单元（传感器）、信息处理单元（微处理机）与执行单元（功能驱动器）连成一个回路，通过埋置在复合材料内部不同部位的传感器感知内外环境和受力状态的变化，并将感知到的变化信号通过微处理机进行处理并做出判断，向执行单元发出指令信号，而功能驱动器可根据指令信号的性质和大小进行相应的调节，使构件适应这些变化，整个过程完全是自动化的，从而实现自检测、自诊断、自调节、自恢复、自我保护等多种特殊功能。

这种类似于生物系统的智能化检测技术也常被用在现代高层建筑物、大型桥梁、隧道、地铁等的安全检测和预报，在地震多发的国家，将光纤传感器埋置在建筑物中，可以感知因地震而引起的建筑物的状态变化，从而提前采取预防措施。

智能复合材料是传感技术、计算机技术与材料科学交叉融合的产物，在许多领域展现了广阔的应用前景，其中飞机的智能蒙皮与自适应机翼是一种高端的智能结构。

(1) 智能复合材料的组成与原理

智能复合材料的作用机理如图7-4所示，智能复合材料的功能实现是依靠信息的传递、转换和控制。因此其功能实现的关键是信息的采集与流向。

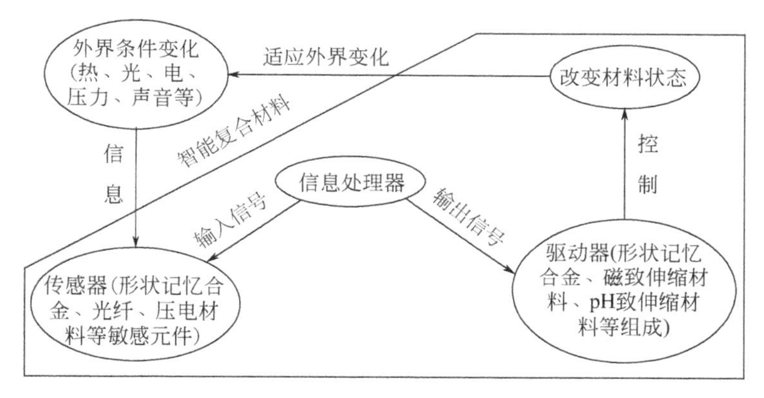

图7-4 智能复合材料作用原理图

用于智能复合材料传感器的主要作用是感知环境的变化（如温度、热、声音、压力、光等），并将其转换为相应的信号。传感材料有形状记忆合金（SMA）、压电材料、光纤、电/磁致黏流体、光致变化材料等，尤其是光纤应用最广（可感觉压力、温度、密度、弯曲、射线等）。信息处理器一般是带有特殊芯片的微处理机，它对传感器输出信号进行判断处理并能发出接线员命令。功能驱动器部分的驱动材料在一定条件下可产生较大的应变和应力，从而起到响应和控制作用，如形状记忆合金、磁致伸缩材料、pH致伸缩材料等。

(2) 光导纤维智能复合材料

在航空应用中目前主要的光导纤维智能复合材料是光纤传感器嵌埋在复合材料中，这要求与基体之间具有良好的兼容性。由其制成的传感器，可以测量温度、应力、应变等多种物理量且具有极高的灵敏度，并综合了感知和传输双重功能，是一种高效的传感材料。目前，制成的各种光纤埋入式复合材料传感器，其作用如下。

① 实时监测。报告材料状态和结构在线综合评估。例如对复合材料制造过程进行监测，随时报告加工中出现的缺陷，如裂纹、孔洞、缝隙等。也可监测结构使用时所处的状态，如疲劳和温度等情况，如加拿大多伦多大学与波音公司合作研制了具有光纤“自诊断”系统的机翼前缘的损伤自评系统，通过测量光纤输光时的各种性能变化进行在线损伤评估。

② 制作隐形复合材料。其原理是将由发光光纤和接受光纤两部分组成的光纤埋入复合材料时，光纤端面位于材料表面，发光光纤发射出不在红外探测器探测范围之内的光波，在远离材料的表面形成一道光波墙，达到隐形目的。而接受光纤则接受制导激光信号，以便采取相关干扰措施。

③ 制作自修复智能结构。其原理是将带胶液空心光纤埋入复合材料中，当结构发生损伤时，由空心光纤网络的输出信号检测出损伤发生的位置，同时空心光纤作为输送修复胶液的通道将光纤所含胶液流到损伤处，修复复合材料。为提高修复质量，可在复合材料中适当布置SMA，利用其受激励时产生压应力和热量，使胶液能够轻易流出，并提高固化的质量。

（3）压电智能复合材料

压电智能复合材料是以压电晶片作传感制成的复合材料，这种复合材料具有压电效应。由于压电智能复合材料具有将电能和机械能变换的特性，故可应用于智能结构中，特别是自适应、减振与噪声控制等方面。将压电材料置入飞机机身内，当飞机遇到强气流而振动时，压电材料便产生电流，使舱壁发生和原来的振动方向相反的振动，抵消了气流引起的振动噪声。将压电材料应用于滑雪板，滑雪板受振的同时就产生减振反作用力，增强滑雪者的控制能力。利用压电陶瓷易于改性且易于与其他材料兼容的特点，可制成自适应结构。意大利 Pisa大学制成的压电皮肤传感器，对环境温度和压力具有敏感性。

（4）电/磁流变体智能复合材料

电/磁流变体在外加电/磁场作用下，内部会出现一种沿电/磁场方向的纤维状结构，使得体系黏度在短时间内急剧增大，同时伴随屈服应力、弹性模量显著增加，而当撤去外电/磁场后又可在瞬间内恢复到液体。利用这一特点，与其他材料复合可实现材料的智能化。如电流变材料能使复合材料整体结构的刚度由小到大发生连续变化，从而达到对振动状态实施主动监控和振动抑制。

（5）智能复合材料的研究方向

目前，世界上许多国家都已展开了对智能复合材料的研究，智能复合材料是多种学科的交叉和现代高新技术的融合，体现了当代复合材料技术发展的最新水平，在航空航天及其他工业领域展现出新的发展前景。但由于涉及学科多、综合性强、技术条件要求高，在航空航天智能复合材料结构方面，大规模应用还需要着重研究以下一些问题。

① 智能复合材料结构的整体设计。除要考虑复合材料本身的力学性能外，还要考虑传感器的种类、数量、安装方位等问题。

② 传感器、驱动器与复合材料的相容性及微观界面问题，以及与外部设施耦合包括接头的保护等问题。

③ 智能复合材料与结构内部的多种信号的传输、传感信号分析处理、指令信号传输、执行单元驱动响应控制等问题。

④ 智能复合材料的制造工艺与工艺质量控制（如智能元件的植入工艺、智能元件接口的制造、保护加工过程中光纤不被损坏等）。

⑤ 智能复合材料结构的服役保障，包括结构耐久性、环境影响与载荷条件、(温度、湿度、冲击影响)，实际应用过程中的误差分析等问题。

⑥ 智能复合材料计算机模拟设计以及需要建立的数学和力学模型元件以及实验数据积累等问题。

参考文献

［1］师昌绪等主编.材料科学与工程手册.第9篇.北京：化学工业出版社，2004.
［2］益小苏等.中国材料工程大典.第10卷第1篇.北京：化学工业出版社，2005.
［3］陈祥宝等.中国材料工程大典.第10卷第3篇.北京：化学工业出版社，2005.
［4］杨乃宾.中国材料工程大典.第10卷第7篇.北京：化学工业出版社，2005.
［5］傅绍云等.中国材料工程大典.第10卷第8篇.北京：化学工业出版社，2005.
［6］耿林等.中国材料工程大典.第10卷第9篇.北京：化学工业出版社，2005.
［7］张立同等.中国材料工程大典.第10卷第10篇.北京：化学工业出版社，2005.
［8］益小苏等.中国材料工程大典.第10卷第16篇.北京：化学工业出版社，2005.
［9］陈祥宝等.树脂基复合材料制造技术.北京：化学工业出版社，2000.
［10］张佐光主编.功能复合材料.北京：化学工业出版社，2004.
［11］陈祥宝等.聚合物基复合材料手册.北京：化学工业出版社，2004.